动力电池检测与维保

主　编　孙　莉　马春亮　程炳楠
副主编　刘永双　任婕灵　程　杰　李　飞
参　编　程美红　黄　毅　付翰林
主　审　程传红　陈　畅

北京理工大学出版社
BEIJING INSTITUTE OF TECHNOLOGY PRESS

内 容 简 介

本书是根据高等学校新能源汽车类专业教学标准、中国质量检验协会 T/CAQI 324—2023《电池检测人员培训及评价规范》，结合动力电池检测相关规范、规程编写。本书以动力电池全生命周期为主线，包含动力电池的认知、动力电池的高压安全防护、动力电池的生产及检测、动力电池管理系统、动力电池系统的故障检测与排除、动力电池的维保及设备简介、动力电池的梯次利用与绿色回收 7 个项目。

图书在版编目（CIP）数据

动力电池检测与维保 / 孙莉，马春亮，程炳楠主编.
－－ 北京 ：北京理工大学出版社，2023.11
ISBN 978－7－5763－3112－7

Ⅰ. ①动… Ⅱ. ①孙… ②马… ③程… Ⅲ. ①蓄电池
－检测 ②蓄电池－维修 ③蓄电池－保养 Ⅳ. ①TM912

中国国家版本馆 CIP 数据核字（2023）第 219299 号

责任编辑：王梦春　　　文案编辑：魏　笑
责任校对：周瑞红　　　责任印制：李志强

出版发行 / 北京理工大学出版社有限责任公司
社　　址 / 北京市丰台区四合庄路 6 号
邮　　编 / 100070
电　　话 / （010）68914026（教材售后服务热线）
　　　　　（010）68944437（课件资源服务热线）
网　　址 / http：//www.bitpress.com.cn

版 印 次 / 2023 年 11 月第 1 版第 1 次印刷
印　　刷 / 河北盛世彩捷印刷有限公司
开　　本 / 787 mm×1092 mm　1/16
印　　张 / 10.75
字　　数 / 221 千字
定　　价 / 78.00 元

党的二十大报告提出，推动经济社会发展绿色化、低碳化是实现高质量发展的关键环节。近年来，随着环境污染的日益加剧和化石能源的逐渐枯竭，我国高度重视新能源汽车产业发展，中国成为新能源汽车的全球领导者。我国新能源汽车产业发展迅速，与之配套的人才缺口近百万，其中电池制造及质量安全类人才尤为紧缺。本书从动力电池从业人员培训和职业院校新能源汽车专业人才培养角度出发，为满足解决动力电池类人才需求而编写。

本书具有以下特点：

（1）双元开发：本书由襄阳汽车职业技术学院与湖北德普电气股份有限公司联合开发，内容紧贴当前行业发展和岗位技能，注重实用性，体现先进性，保证科学性，凸显职业性，反映动力电池产业的新知识、新技术、新工艺和新标准。

（2）思政融合：本书以党的二十大报告精神为基本遵循，将环境保护、四个自信、安全教育、工匠精神等思政元素与技能培养相融合，文字简洁、图文并茂，形象直观，在培养学生专业能力的同时，关注学生身心健康的发展，激发学生的家国情怀和使命担当。

（3）结构清晰：本书围绕动力电池的全生命周期组织编写，对接岗位标准、专业标准、T/CAQI 324—2023《电池检测人员培训及评价规范》，根据"项目载体、任务驱动、工作导向"的思路，构建为7个项目15个任务，每个任务按照任务导入、学习目标、任务分析、任务知识、任务实施、任务评价分布，按工作手册方式进行技能学习。

（4）资源丰富：本书配有动力电池检测操作视频等数字化教学资源，将知识点和技能点立体化、动态化呈现，满足个性化学习要求。

本书由襄阳汽车职业技术学院孙莉、马春亮，湖北德普电气股份有限公司程炳楠担任主编；襄阳汽车职业技术学院刘永双、任婕灵、程杰，湖北德普电气股份有限公司李飞担任副主编；湖北德普电气股份有限公司程美红、黄毅，襄城区职业高级中学付翰林参编；襄阳汽车职业技术学院程传红，湖北德普电气有限公司陈畅担任主审。本书在编写过程中参考了国内外同类书籍和相关的资料，湖北德普电气股份有限公司为本书的编写提供了大量的技术资料。

　　本书内容贴近当前行业发展，与企业岗位紧密结合，内容丰富、实用性强。由于编者水平有限，书中难免有不足之处，敬请专家及广大读者批评指正。

编　者

2023 年 11 月

T/CAQI 324—2023
《电池检测人员培训及评价规范》

本书配套课程思政
建设方案

目　录

🌀 知识结构

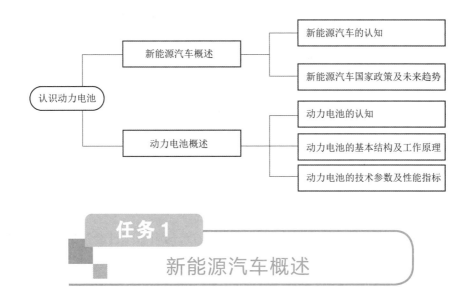

认识动力电池
- 新能源汽车概述
  - 新能源汽车的认知
  - 新能源汽车国家政策及未来趋势
- 动力电池概述
  - 动力电池的认知
  - 动力电池的基本结构及工作原理
  - 动力电池的技术参数及性能指标

任务 1
新能源汽车概述

🌀 任务导入

　　汽车的发明，方便了人类的生活。汽车已经成为当今社会重要的交通工具。随着汽车保有量的大幅增加，产生了资源消耗过度、空气污染、气候变暖等负面问题。面对能源问题日益严重，环境污染不断加剧，温室气体排放大幅增加，发展新能源汽车变得尤为重要。新能源汽车，是进入 21 世纪以来，汽车技术发展的重要方向和里程碑。那么，为什么要推广新能源汽车？新能源汽车指的是什么？有哪些类型？发展新能源汽车，对汽车技术和世界有什么意义？

🌀 学习目标

　　知识目标：了解新能源汽车的定义和分类

　　　　　　　了解国内外新能源汽车发展现状和趋势

　　技能目标：掌握各种新能源汽车的优势和特点

　　素质目标：培养环保意识

培养家国担当的社会责任意识

树立民族自豪感

🔘 任务分析

2008 年经济危机之后，面对全球日益严峻的能源形势和环保压力，世界主要汽车生产国都把发展新能源汽车作为提高产业竞争力，保持经济社会可持续发展的重大战略举措。2020 年 12 月，中国向世界宣布了 2030 年前实现碳达峰，2060 年前力争实现碳中和的国家目标。新能源汽车产业是全球各国竞相追逐的战略新兴产业之一，是我国汽车产业发展的一种战略选择。未来的新能源汽车将是大势所趋，为我国"碳达峰""碳中和"目标以及建设美丽中国做出重大贡献。

全球新能源
汽车发展史

子任务 1.1　新能源汽车的认知

🔘 任务知识

新能源汽车（见图 1-1）越来越火热，一些城市的出租车已经替换成新能源汽车。您知道新能源汽车的种类吗？

图 1-1　新能源汽车

1. 纯电动汽车

纯电动汽车是由电能驱动的汽车。纯电动汽车必须使用特殊的充电桩或在特定的充电场所充电，其优点是结构简单，维护项目少，使用成本低，噪声低；缺点是电池范围略低，充电方便性差。但现在大多数纯电动汽车配备了快速充电模式，30 分钟可以充电 80%，例如特斯拉、小鹏。纯电动汽车没有发动机，外部给电池充电，电池给电机供电，这类新能源汽车的续航里程直接和电池储备电量挂钩。

2. 增程式电动汽车

增程式电动汽车有电池和发动机，发动机给电池充电，电池可以通过外部的充电插口直接充电，通过电机带动车辆行驶，例如理想汽车的理想 ONE、理想 L9。通常增程式电动汽车可以在纯电模式下行驶，亏电后发动机发电给电池充电完成电动化的增程行驶。

3. 油电混动汽车

油电混动汽车可分为普通混合动力汽车、插电式混合动力汽车和扩展式混合动力汽车。普通混合动力汽车在实际使用中分为两种：一种是轻混汽车，常见的轻混汽车是车辆搭载 48 V 轻混系统，车辆配备了电机，但是电机的作用没有其他类型的新能源汽车那么明显，主要起到辅助功能和动力回收功能，这类汽车主要是靠发动机来驱动车辆行驶，在豪华汽车品牌中应用比较多；另一种是重混汽车，重混汽车的电池和电机能使车辆驱动，依据行驶情况做电机、发动机的切换，这类汽车无法通过外界电源给电池供电，比较有代表性的是丰田 THS、本田 IMMD、长城柠檬 DHT。

4. 插电混动汽车

在油电混动汽车的基础上，插电混动汽车增加外部的充电口，能独立完成充电，其综合续航里程长，综合油耗较低，比较有代表性的是比亚迪 DM – i。

5. 燃料电池汽车

燃料电池汽车以氢为燃料，与大气中的氧发生化学反应，通过电极将化学能转化为电能，电能转化为机械能，驱动汽车前进。燃料电池不会产生有害气体，具有效率高、无污染、零排放、无噪声等优点，其能量转换效率是内燃机的 2 ~ 3 倍。因此，燃料电池汽车是能源利用和环境保护方面的理想汽车，比较有代表性的是在北京冬奥会上大面积亮相的氢能源汽车，以及丰田推出的宽版终极环保车 FCEV。

结论：以上新能源汽车的种类中，第一种是燃料电池汽车，它有无尽的燃料来源最节能，燃烧的产品只有水，由于技术不完善，目前正处于试验推广阶段。第二种是纯电动汽车，电源广泛，使用成本低，目前市场上大部分是纯电动汽车。第三种是插电混动汽车和增程式电动汽车，在纯电状态下这类汽车非常节能，但在纯油状态下油耗非常大。

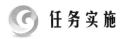 **任务实施**

请查阅资料填写下表。

新能源汽车种类	性能特点、代表性产品
纯电动汽车	
增程式电动汽车	
油电混动汽车	
插电混动汽车	

续表

新能源汽车种类	性能特点、代表性产品
燃料电池汽车	

中国最早提出发展新能源汽车的是_____。

2008 北京奥运会使用_____新能源车辆、2022 北京冬奥会使用_____新能源车辆、2023 杭州亚运会上使用了_____车辆驳接运动员和乘客。

任务评价

班级		组号		日期	
评价指标	评价要求			分数	分数评定
职业素养	能合理分工，制订计划，且严谨认真			20	
	能爱岗敬业、服从意识				
	有高度的安全意识				
	具备团队合作、交流沟通、分享能力				
思政素养	能了解中国发展新能源汽车的战略意义			20	
	有正确的环境保护意识				
	具备社会责任感				
	具备全球化视野和国际合作精神				
课堂参与	能积极参与讨论和提问			10	
	具有良好的学习态度和求知欲				
	能积极分享自己的观点和思考				
学习能力	能采取多样化手段收集信息，解决问题			20	
	能主动保质保量完成任务实施相关内容				
专业能力	能正确梳理新能源汽车种类			30	
	能正确描述各类新能源汽车的优缺点				
综合评价					

子任务 1.2　新能源汽车国家政策及未来趋势

任务知识

1. 国内新能源汽车发展现状

2001 年，新能源汽车研究项目被列入国家"十五"的 863 计划。

2006 年 6 月"十一五"的 863 计划节能与新能源汽车重大项目启动。

2006 年至 2007 年，中国新能源汽车产业取得了重大的发展。

2008 年至今，新能源汽车在国内呈全面发展之势。

2. 新能源汽车国家政策

新能源汽车政策体系主要包括宏观综合政策、行业管理政策、推广应用政策、税收优惠政策、科技创新政策、基础设施政策，这些政策的出台旨在促进新能源汽车的发展，推动能源结构的转型，减少环境的污染，提高国家能源安全（见图 1－2）。

图 1－2　我国新能源汽车政策体系

（1）从汽车产业政策关键词看新能源汽车。

1990—2000 年，以发展汽车整车制造业（商用、乘用）为主，且借外资力量成立合资企业以尽快吸收国外较高的生产技术水平。

2000—2010 年，国家将汽车零部件、汽车电子作为主要汽车产业发展方向，同时推进龙头企业培育节能低排放车用发动机和混合动力系统技术。

2010—2015 年，纯电动汽车和零部件自主化、国产化，表明我国新能源汽车产业已具雏形，准备在冲击全球汽车生产大国的基础上，继续钻研纯电动汽车。

2015 年至今，与汽车国际产能和装备制造合作，从纯电动汽车转为氢燃料电池汽车和智能汽车，我国的新能源汽车已达一定成就。

可见，我国汽车产业从借助外力，到国产化，再到高端化发展。

（2）从汽车产业政策产销量看新能源汽车。

自"十一五"开始，新能源汽车产销量就提上日程，"十一五"至"十三五"期间，新能源汽车的产销量从累计达 50 万辆升至 200 万辆以上；"十四五"期间，要求到 2025 年，新能源汽车销量达新车销售总量的 20% 左右。

（3）从国家层面新能源汽车补贴政策看新能源汽车。

整体来看，非公共和公共领域的新能源汽车补贴均相较 2021 年有所退坡，2022 年新能源汽车的补贴系数和补贴金额上限均下滑至 2021 年的 70% 左右。

（4）从国家层面新能源汽车基础设施发展目标看新能源汽车。

国家层面新能源汽车基础设施建设是"十二五"开始，一开始要求带充电设施的停车位不少于 10%，每 2 000 辆电动汽车配备一座快充站，到"十四五"末，要求建设满足 2 000 万辆电动汽车充电的充电基础设施，并部署建设一批加氢站。

3. 新能源汽车未来发展趋势

随着世界各国对环境保护、技术进步和能源安全高度重视，在公路交通领域内燃机将逐渐被其他能源的动力系统取代，为新能源汽车行业发展带来了良机。

我国明确指出，力争 2030 年前实现碳达峰，2060 年前力争实现碳中和，政府高度重视新能源汽车的发展，推出国家战略、税费减免、财政补贴和产业政策四个方面的激励政策体系。新能源汽车使用户生活成本降低，是新能源汽车销量日益增高的原因之一。

未来 3 ~ 5 年新能源汽车行业发展的 10 个重点趋势如下。

（1）全球新能源汽车发展已进入不可逆的快车道。

全球汽车未来发展的方向是新能源化，或者说是电动化。目前，中国的新能源汽车渗透率已超过 10%，即汽车增量中电动化的比例超过 10%，预计到 2025 年会突破 30%。欧洲国家的新能源渗透率在增长，特别是北欧，挪威的电动汽车新车销售占比已接近 100%。

中国新能源汽车政策为全人类做出了贡献

各国技术路线不一样，中国以纯电为主，欧洲各国以插电为主，日本以弱混为主。

（2）中国将在较长时间内处于领跑地位。

根据中国电动汽车百人会统计，2022 年中国新能源汽车年销量突破 500 万辆，2025 年将达 900 万 ~ 1 000 万辆。这个发展速度成为全球新能源汽车行业之最。

新能源汽车当前的保有量、增速以及所带动的产业规模,在过去难以想象。以动力电池为例,预计到 2025 年,中国电池装机量将达到 600 GW·h。

(3)中小城市与农村将成为新的市场增长点。

未来 3~5 年,继大型城市之后,中小城市和农村地区将成为中国新能源汽车市场的爆发点,对碳减排、改善三四线城市和农村机动化出行发挥巨大作用。

(4)中国电动汽车真正进入市场化竞争阶段。

2021 年是中国电动汽车产业的分水岭,2022 年财政补贴全部退出。2022—2025 年,中国新能源汽车市场将进入新车型、新品牌扎堆涌现的阶段。未来市场竞争将进入真正的大浪淘沙阶段。

(5)汽车电动化和智能化正式合二为一。

过去 10 年,汽车产业变革的主题是电动化。下一阶段,将是基于电动化的智能化。电动化的普及要靠智能化来拉动,智能化技术的最佳载体是电动化平台。"两化"在汽车上将正式合体,只有更加智能的汽车才是竞争焦点。

(6)能源革命和汽车革命实现实质性协同。

随着"双碳"目标的推进,能源变革将让电动汽车用上可再生能源,真正实现绿色发展。新能源汽车可通过接入电网实现车网互动。未来 3~5 年,技术和政策会进一步支撑电动汽车的绿色化,从小范围试点逐步走向规模化发展的轨道,能源革命和汽车革命将实现实质性协同。

(7)供应链成为汽车企业的发展瓶颈和重要竞争力。

供应链是汽车电动化和智能化的关键门槛。除了受自身战略影响,还会受到国际外部等因素的影响,尤其是疫情、大国贸易纠纷、技术竞争、海运等。

低碳化是汽车供应链面临的第一个巨大挑战。大型汽车企业碳中和的时间表大多定于 2035 年或 2040 年前,届时将实现产业全链条的净零排放。这意味着,不仅是整车制造环节,也是从上游零部件的生产制造到物流运输都要实现净零排放。

智能化是汽车供应链面临的第二个挑战,特别是芯片。2021 年,全球汽车产业因芯片供应短缺减产约 1 000 万辆,中国平均减产 20%。

(8)新能源汽车技术创新节奏会明显加快。

过去,困扰新能源汽车市场化的主要问题是成本。补贴退出后,技术将成为新能源汽车和燃油车竞争的核心要素。

在 A0 级市场,电动汽车的性价比超过了燃油车,特别是随着电池技术的进步,"最便宜的车"和"最贵的车"这两端汽车电动化优势已经非常明显。

未来几年,竞争将集中在 20 万元左右汽车的"中间"市场,并逐渐形成新优势。

(9)电动化带动商业模式快速创新。

新能源汽车进入市场化阶段,将带动大量商业模式快速创新,例如光储充一体化模式、换电模式、电池银行模式等。

（10）基础设施配套逐步补齐并衍生三网融合新业态。

燃油车时代的基础设施只有加油站、加气站，汽车电动化的发展将使未来能源基础设施发生重大变化。充电、换电、快充、慢充、电池的移动补电、加氢等，构成融合的基础设施，将成为未来电动化发展的重大亮点。

关于进一步构建
高质量充电基础
设施体系的指导意见

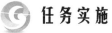 **任务实施**

请查阅资料填写下表。

任务名称	新能源汽车国家政策及未来趋势	
姓名：	班级：	学号：
执行国家	新能源汽车优惠政策核心内容	2022 年新能源车渗透率
中国		
美国		
德国		
法国		
英国		
日本		

任务评价

班级		组号		日期	
评价指标	评价要求			分数	分数评定
职业素养	能合理分工，制订计划，且严谨认真			20	
	能爱岗敬业、服从意识				
	有高度的安全意识				
	具备团队合作、交流沟通、分享能力				
思政素养	具备全面、系统的政策法规认知			20	
	具备社会责任感和环境保护意识				
	具备全局意识和发展眼光				
	具有批判思维和创新精神				

续表

评价指标	评价要求	分数	分数评定
课堂参与	能积极参与讨论和提问	10	
	具有良好的学习态度和求知欲		
	能积极分享自己的观点和思考		
学习能力	能采取多样化手段收集信息，解决问题	20	
	能主动保质保量完成任务实施相关内容		
专业能力	能正确梳理各国新能源汽车相关政策要点	30	
	能全面、系统描述中国新能源汽车相关政策		
综合评价			

动力电池概述

🌀 任务导入

说到电池，您第一个想到的是什么？遥控器、电子钟、玩具中的干电池……但今天我们的主角是近年来"热门"的动力电池。动力电池，也称为动力蓄电池、高压动力电池包或高压电池包，是纯电动汽车不

中国动力电池装
机量占全球60%

中国动力电池正极
材料领军人物 – 其鲁

可缺少的组成部分，也是目前制约电动汽车发展的关键因素。动力电池的容量和技术性能是影响纯电动汽车续航里程的关键因素之一。随着我国动力电池关键技术的突破，宁德时代、比亚迪、国轩高科等电池企业的发展，我国动力电池生产规模位居世界第一，截至2023 年 7 月，我国动力电池装机量占全球 60%，动力电池的技术在国际上占有一定的优势和国际影响力。

🌀 学习目标

知识目标：了解动力电池的分类

技能目标：掌握动力电池的材料类型和结构类型

掌握动力电池的连接方式及内置保护

素质目标：培养学生敢于创新的精神和不惧失败的人生态度

培养学生爱国主义情操，提升民族自豪感

培养学生重视环境保护的意识

任务分析

电动汽车"大三电":电池、电机、电控,如图1-3所示。

图1-3 电动汽车"三大电"

动力电池是电动汽车驱动力的来源,是电动汽车重要的核心组成部分。电池的能量密度、产品性能、使用寿命和成本,与电动汽车的续航里程、动力性、使用寿命息息相关。

子任务2.1 动力电池的认知

任务知识

动力电池按材料类型不同,可分为铅酸电池、锂离子电池、金属氢化物镍电池、燃料电池等如图1-4所示。目前,新能源电动汽车中使用比较多的是锂离子电池、金属氢氧化镍电池。

电池的前世今生

铅酸电池

镍镉、镍氢电池

锂离子电池

图1-4 按材料分类的动力电池

1. 铅酸电池

(1)铅酸电池工作原理。

在正极板上,PbO_2与H_2SO_4作用生成带正电荷的铅离子(Pb^{2+})沉浮在正极板上,使正极板具有2 V的正电位。在负极板处,铅电离为铅离子(Pb^{2+})和电子(2e),2个电子留在负极板上,使负极板具有约0.1 V的负电位(见图1-5)。

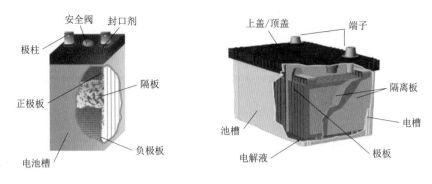

图1-5　铅酸电池工作原理

（2）铅酸电池的特点。

铅酸电池成本低，有一定的价格优势，但是太过笨重，充电时间长，能量和功率较低，只被广泛用于车速小于50 km/h的各种场地车或电动自行车上（见图1-6）。

图1-6　铅酸电池应用场合

2. 锂离子电池

锂离子电池起源于1962年，1990年由日本索尼公司首先向市场推出，是世界最新一代的充电电池。它是用锰酸锂、磷酸铁锂、钴酸锂、钛酸锂等锂化合物做正极，用嵌入锂离子的碳材料（如石墨）做负极，使用有机电解质的电池。

陈立泉院士：四十余载，致力于中国锂离子电池研究

（1）锂离子电池的分类。

根据正极材料不同，锂离子电池分为锰酸锂电池、磷酸铁锂电池、镍钴锂电池、三元（镍钴锰）锂电池，目前市场上应用比较广的是三元锂电池、磷酸铁锂电池等。

（2）锂离子电池的特点。

优点：工作电压高、比能量高、循环寿命长、自放电率低、无记忆性、可实现快速充电、对环境无污染、能够制造成任意形状。目前，大多数电动汽车广泛应用锂离子电池。

缺点：成本高、单体电池需要保护线路控制，成组电池需要配有管理系统。

（3）不同外形锂离子电池的特点。

根据外形不同，锂离子电池分为方形锂离子电池、圆柱形锂离子电池、软包锂离子电池、刀片形电池等（见图1-7），应用比较多的是方形锂离子电池、圆柱形锂离子电池。不同形状电池的特点见表1-1。

  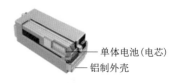

圆柱形锂离子电池　　方形锂离子电池　　软包锂离子电池　　刀片形锂离子电池

图1-7　不同形状锂电池

表1-1　不同形状电池的特点

形状	圆柱形	方形	软包
安全性	安全阀双重保护，PTC	泄气阀	外壳保护
耐压性	高	中	差
功率性能	好	较好	一般
组合体积	大	小	小
组合成本	高	低	低
形状	标准壳体	金属或塑料壳体，改变较难	可制成各种大小电池
散热性能	良好	一般	差
工艺性	成熟，易于自动化生产	一般	一般
组合特点	体积大，散热表面大	体积小，工艺简单	工艺简单，机械强度低
应用领域	广泛，动力类及消费类	动力电池	动力电池

3. 金属氢化镍电池

金属氢化镍电池也称镍氢电池，是指正极使用镍氧化物，负极使用可吸收和释放氢的储氢合金，以氢氧化钾为电解质的电池。金属氢化镍电池在混合动力电动汽车上使用较多，其结构如图1-8所示，主要由正极接线柱、密封圈、正极板、隔膜、负极板、负极集电极、金属外壳等组成。

镍镉电池"记忆效应"严重，循环寿命短，镉是重金属，污染环境。

镍氢电池的特点。

优点：镍氢电池能量密度最高达80 W·h/kg，可快速充放电，循环寿命长，记忆效

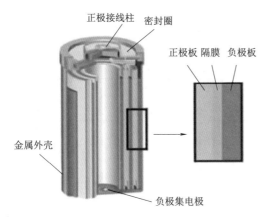

图 1-8　镍氢电池

应小，无污染，技术成熟，安全性较好，相对寿命较长。

缺点：镍金属占电池成本的 60%，致使电池价格较高，镍氢电池能量密度低，主要用于混动车型（见图 1-9、图 1-10）。

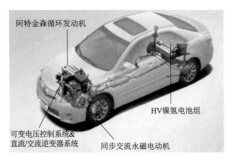

图 1-9　丰田普锐斯　　　　　　　　　　　　图 1-10　大众新途锐

4. 燃料电池

燃料电池是一种能够持续通过发生在阳极和阴极的氧化还原反应，将化学能转化为电能的能量转换装置。它工作时需要向电池内连续不断地输入燃料和氧化剂，只要持续供应，燃料电池就会不断提供电能。

燃料蓄电池的特点。

（1）能量转换效率高：能量转换效率不受卡诺循环的限制，也不存在机械能做功的损失，与热机和发电机相比，燃料电池能量转换效率极高。

（2）对环境的污染小：在将燃料转换为电能过程中，对环境的负面影响极小。

（3）采用模块结构，方便耐用：单体电池是燃料电池的发电单元，燃料电池发电系统由单体电池叠至所需规模的电池包构成，单体电池的数量决定了发电系统的规模。

（4）响应性好，供电可靠：发电系统对负载变动的响应速度快。

（5）适应的燃料多种多样：可作为燃料电池的燃料有氢、天然气、煤气、甲醇、乙醇、汽油等。

5. 动力电池对比

动力电池对比见表1-2。

表1-2 动力电池对比表

电池类型	能量效率/%	能量密度/ $(W \cdot h \cdot kg^{-1})$	标称电压/V	循环寿命/h
铅酸电池	80	35~50	2.1	500~1 000
镍氢电池	70	60~80	1.2	1 000~1 500
锂离子电池 （三元锂）	90	150~200	3.7	1 500~3 000

三元锂电池与镍氢电池相比：标称电压是镍氢电池的3倍，能量密度是镍氢电池的2.5倍。三元锂电池体积小、质量轻、循环寿命长、自放电率低、无记忆效应、无污染。

 任务实施

请查阅资料填写下表。

任务名称	动力电池的认识	
姓名：	班级：	学号：
动力电池类型	性能特点	
铅酸电池		
锂离子电池		
金属氢化镍电池		
燃料电池		

任务评价

班级		组号		日期	
评价指标	评价要求			分数	分数评定
职业素养	能合理分工，制订计划，且严谨认真			20	
	能爱岗敬业、服从意识				
	有高度的安全意识				
	具备团队合作、交流沟通、分享能力				
思政素养	具有环境保护和可持续发展意识			20	
	具有科技创新与产业竞争意识				
	具有行业规范与安全管理意识				
	具有文化传承与社会责任意识				
课堂参与	能积极参与讨论和提问			10	
	具有良好的学习态度和求知欲				
	能积极分享自己的观点和思考				
学习能力	能采取多样化手段收集信息，解决问题			20	
	能主动保质保量完成任务实施相关内容				
专业能力	能正确梳理动力电池的种类			30	
	能系统描述各类动力电池的特点				
	能从资源利用与能源转型角度对比各类动力电池的优势				
综合评价					

子任务 2.2　动力电池的基本结构及工作原理

任务知识

1. 锂电池的基本结构

锂电池主要由四大部分组成：正极、负极、电解液和隔膜。

正极：电池正极一般为含锂化合物，占据主要地位的是磷酸铁锂和三元正极材料。在当前的电池材料体系中，正极材料是锂电池成本占比最高的构成部分，达到 30% ~ 40%，很大程度上决定了电池的成本，也是影响电池性能的关键，对电池的能量密度、循环寿命、安全性等有直接影响。不同的正极材料对应不同的能量密度，正极材料基本确定了电池性能的上限。

负极：电池负极由活性物质、黏接剂和添加剂制成糊状胶合剂后，涂抹在铜箔两侧，经过干燥、滚压而成，它影响着锂电池充电放电率、循环寿命等性能。

正负极材料都有储锂的作用，正极是提供活性锂的主要材料，负极则主要起到脱嵌载体的作用。

电解液：电解液是锂离子传输的重要载体，像一座桥梁，将正负两极连接起来。电解液的材料对电池的循环、高低温和安全性能有直接影响。电解液由溶剂、电解质（锂盐）和添加剂组成，其中锂盐是电解液的核心组成部分，当前的主流锂盐为六氟磷酸锂（$LiPF_6$），溶剂主要是碳酸酯类有机物（PC、EC、DMC 等）。

隔膜：隔膜是保障电池安全最重要的组件之一，横亘在正极与负极之间，犹如一道高墙。隔膜浸渍在电解液中，起到避免正负极材料接触、防止出现短路的作用。根据锂电池工艺的不同，把隔膜分为湿法隔膜与干法隔膜，其中湿法隔膜更薄，有利于提升动力电池能量密度，目前占据主流席位。隔膜多具有热塑性，在高温环境下隔膜发生熔融，微孔关闭，从而达到自动关断的目的，在安全性上为电池使用提供了有效保障。

2. 锂电池的工作原理

充电时，Li^+ 从正极脱嵌经过电解质嵌入负极，负极处于富锂状态，正极处于贫锂状态，同时电子的补偿电荷从外电路供给到碳负极，保持负极的电平衡。放电时则相反，Li^+ 从负极脱嵌，经过电解质嵌入到正极，正极处于富锂状态，负极处于贫锂状态。在正常充放电情况下，锂离子在层状结构的碳材料和氧化物的层间嵌入和脱出，一般只引起层面间距的变化，不破坏晶体结构；在放电过程中，负极材料的化学结构基本不变。因此，从充放电的可逆性看，锂离子电池反应是一种理想的可逆反应（见图 1-11）。

动力电池包的结构

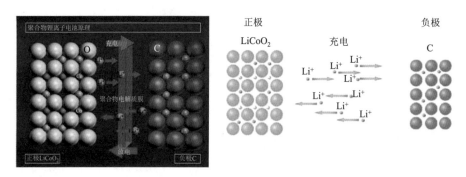

图 1-11　锂电池工作原理

O；　Li；　Co；　C

3. 动力电池包的组成方式

动力电池包主要由模组、管理系统、高压元器件、结构件、热管理组件、线束等组成（见图 1-12）。

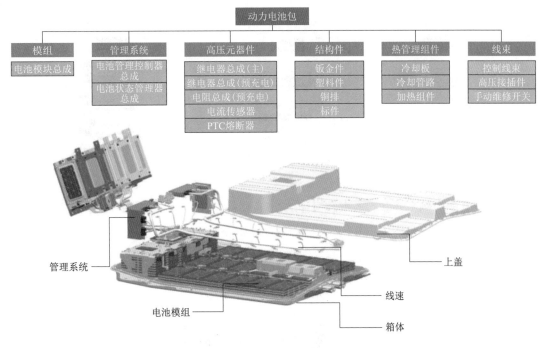

图 1 – 12　动力电池组成方式

4. 电池包的连接方式

电池包的连接方式因单体电池的排布和连接方式不同而有所不同，主要组合方式有串联（S）、并联（P）和串并混合连接等三种方式。

（1）串联。

n 个电池通过串联构成电池模块（简称 nS）时，电池模块的电压为单体电池电压的 n 倍，而电池模块的容量为单体电池的容量（见图 1 – 13）。

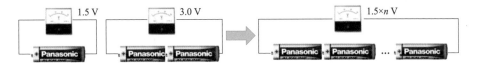

图 1 – 13　串联方式

以五号电池为例，串联后的总电压 = 1.5n（V），n = 1，2，3 …同理可知锂离子电池串联的结果（见图 1 – 14）。

（2）并联。

电池并联方式通常用于满足大电流工作的需要。当 m 个单体电池通过并联构成电池模块（简称 mP）时，电池模块的容量为单体电池容量的 m 倍，电池模块的标称电压为单体电池的标称电压，如图 1 – 15 所示。

图 1 – 14　串联电池包

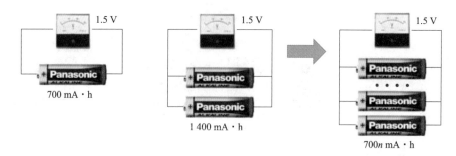

图 1 – 15　并联方式

以五号电池为例，并联后的电容只能为 $700n$（mA·h），$n = 1$，2，3…同理可知锂离子电池并联的结果（见图 1 – 16）。

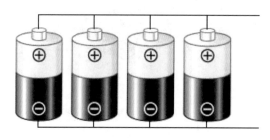

图 1 – 16　并联方式

任务实施

请查阅资料填写下表。

任务名称	动力电池的基本结构及工作原理	
姓名：	班级：	学号：
锂电池的类别	基本结构	工作原理
锂电池		
动力电池包		
电池包的连接方式		

任务评价

班级		组号		日期	
评价指标	评价要求			分数	分数评定
职业素养	能合理分工，制订计划，且严谨认真			20	
	能爱岗敬业、服从意识				
	有高度的安全意识				
	具备团队合作、交流沟通、分享能力				
思政素养	具有环境保护和可持续发展的认知意识			20	
	具有科技创新与产业竞争意识				
	具有行业规范与安全管理意识				
	具有文化传承与社会责任意识				
课堂参与	能积极参与讨论和提问			10	
	具有良好的学习态度和求知欲				
	能积极分享自己的观点和思考				
学习能力	能采取多样化手段收集信息，解决问题			20	
	能主动保质保量完成任务实施相关内容				
专业能力	能正确描述锂电池的基本结构工作原理			30	
	能正确阐述动力电池包的组成方式				
	能正确说明电池包的连接方式				
综合评价					

子任务 2.3 动力电池的技术参数及性能指标

任务知识

1. 动力电池的技术参数

（1）电动势。

电池的电动势，又称电池标准电压或理论电压，为电池断路时正负两极之间的电位差。电池的电动势可以从电池体系热力学函数自由能的变化计算而得。

（2）额定电压。

额定电压（或标称电压），指电池正常工作时标准电压，例如三元锂电池的额定电压为 3.7 V；磷酸铁锂电池的额定电压为 3.2 V。

（3）开路电压。

电池的开路电压是在无负荷情况下的电池电压。开路电压不等于电池的电动势，是实际测量出来的。

（4）工作电压。

工作电压是电池在某负载下实际的放电电压，通常是指一个电压范围。铅酸电池的工作电压为 $2 \sim 1.8$ V；镍氢电池的工作电压为 $1.5 \sim 1.1$ V；锂离子电池的工作电压为 $3.6 \sim 2.75$ V。

（5）终止电压。

终止电压是电池放电终止时的电压差，视负载和使用要求的不同而异。以铅酸电池为例，电动势为 2.1 V，额定电压为 2 V，开路电压接近 2.15 V，工作电压为 $2 \sim 1.8$ V，放电电压为 $1.8 \sim 1.5$ V，电池放电终止电压根据放电率的不同，其终止电压也不同。

（6）充电电压。

充电电压是电路直流电压对电池充电的电压。通常充电电压要大于电池的开路电压，在一定范围内。镍镉电池的充电电压为 $1.45 \sim 1.5$ V；锂离子电池的充电电压为 $4.1 \sim 4.2$ V；铅酸电池的充电电压为 $2.25 \sim 2.5$ V。

（7）内阻。

电池的内阻包括极板电阻、电解液电阻、隔板电阻和连接体电阻等。

1）极板电阻。

目前，普遍使用的铅酸电池正负极板为涂膏式，有铅锑合金或铅钙合金和活性物质两部分组成。当电池放电时，极板的活性物质转变为硫酸铅，硫酸铅的含量越大，电池的内阻就越大。电池充电时将硫酸铅还原为铅，硫酸铅的含量越少，电池的内阻就越小。

2）电解液电阻。

电解液的电阻视浓度不同而异。电池充电时，在极板活性物质还原的同时电解液浓度增加，电解液电阻下降；电池放电时，在极板活性物质碳酸化的同时电解液的浓度下降，电解液电阻增加。

3）隔板电阻。

隔板电阻视孔率而异，新电池的隔板电阻是趋于一个固定值，但随电池运行时间的延长，隔板电阻有所增加。

4）连接体电阻。

连接体电阻包括单体电池串联时金属连接条等固有电阻。电池极板间的连接电阻，以及正、负极板组成极群的连接体，若焊接和连接接触良好，连接体电阻可视为一个固定电阻。电池的内阻在放电过程中会逐渐增加，而在充电过程中会逐渐减小。

（8）容量。

电池的容量单位为库伦（C）或者安时（A·h）。电池容量专用术语有三个：

1）理论容量：指根据参加电化学反应的活性物质电化学当量数计算得到的电量。通常，理论上 1 电化当量物质将放出 1 发拉第电量，即 96 500 C 或 28.6 A·h（1 电化当量物质的量，等于活性物质的原子量或分子量除以反应的电子数）。

2）额定容量：在设计和生产电池时，规定或保证在指定的放电条件下电池应该放出的最低限度的电量。

3）实际容量：在一定的放电电流和温度下，电池在终止电压前所能放出的电量。电池的实际容量通常比额定容量大 10%~20%。

电池容量的大小，与正、负极上活性物质的数量和活性有关，与电池的结构和制造工艺与电池的放电条件（电流、温度）有关。影响电池容量因素的综合指标是活性物质利用率。换言之，活性物质利用率越充分，电池容量就越高。

活性物质的利用率可以定义为

$$利用率 =（电池实际容量/电池理论容量）×100\%$$

或　　　　　$$利用率 =（活性物质理论用量/活性物质的实际用量）×100\%$$

（9）比能量和比功率。

电池的输出能量是指在一定的放电条件下，电池所能做出的功，它等于电池的放电容量和电池平均工作电压的乘积，单位常用瓦时（W·h）表示。

比能量有两种：一种叫重量比容量，用瓦时/千克（W·h/kg）表示，一种叫体积比容量，用瓦时/升（W·h/L）表示。比能量是衡量电池性能优劣的重要指标。

必须指出，单体电池和电池包的比能量是不一样的，电池包的比能量小于单体电池的比能量。

电池的功率是指在一定的放电条件下，电池在单位时间内所输出的能量，单位是（W）或（kW）。电池的单位重量或单位体积的功率称为电池的比功率，单位是瓦/千克（W/kg）或瓦/升（W/L）。如果一个电池的比功率较大，表明单位时间内，单位重量或者单位体积给出的能量较多，则该电池能用于较大电流放电。因此，电池的比功率也是评价电池性能优劣的重要指标之一。

（10）贮存性能与自放电。

电池经过干贮存（不带电解液）或湿贮存（带电解液）一定时间后，其容量会自行降低，这现象称为自放电。所谓贮存性能是指电池开路时，在一定的条件下（如温度、湿度）贮存一定时间后自放电的大小。

电池在贮存期间，虽然没有放出电能量，但是在电池内部总是会存在自放电现象。电池自放电的大小，一般用单位时间内容量减少的百分比表示，即

$$自放电 =（C_o - C_t/C_ot）×100\%$$

式中　C_o——贮存前电池容量，A·h；

　　　C_t——贮存后电池容量，A·h；

　　　t——贮存时间，用天、周、月或年表示。

自放电的大小，也能用电池贮存至某规定容量时的天数表示，称为贮存寿命。贮存寿

命有两种，即干贮存寿命和湿贮存寿命。干贮存寿命可以很长。湿贮存时自放电严重，寿命较短。如银锌电池的干贮存寿命可以达到 5 ~ 8 年，但是湿贮存寿命通常只有几个月。

降低电池自放电的措施，一般是采用纯度较高的原材料，或将原材料预先处理，除去有害杂质；也可以在负极金属板栅中加入氢过电位较高的金属，如 Ag、Cd 等；还有在溶液中加入缓蚀剂，目的都是抑制氢的析出，减少自放电的发生。

2. 动力电池的性能指标

动力电池的性能指标主要有电池安全、续航里程、电池寿命及衰减、充电时长。

（1）电池安全。

电池安全失效表现为起火、爆炸、触电。电池失效模式分为电芯和系统两个层级，电芯层级主要是热失控，系统层级主要是电伤害（见图 1 – 17）。

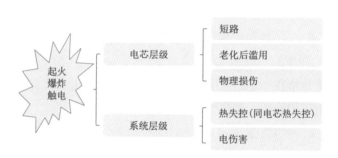

广汽埃安"弹匣电池"

图 1 – 17　电池安全性能的影响

（2）续航里程。

续航里程是客户关注动力电池的性能指标之一，理论续航 300 km，为什么只能跑 250 km？是哪些因素影响了续航里程呢？

续航里程跟动力电池剩余电量以及整车能耗息息相关。

电池本身的影响因素：

1）温度对续航里程的影响。

在低温情况下，电池实际可放电电量低于额定电量，导致续航里程偏低。例如逸动 EV300 用 CALT70A · h 电芯，0 ℃时电池实际可放电电量为额定电量的 92%；– 20 ℃时电池实际可放电电量为额定电量的 85%。

2）电荷状态（SOC）对续航里程的影响。

行驶时候：

SOC 估算偏高：电池实际可放电量大于额定电量，续航里程较额定值偏大（SOC 估算偏高 1%，实际续航里程会增大 1%）。

SOC 估算偏低：电池实际可放电量小于额定电量，续航里程较额定值偏小（SOC 估算偏低 1%，实际续航里程会减少 1%）。

外插充电时，分为以下两种：

交流慢充：充满后可达到额定电量，对续航里程基本无影响。

直流快充：充满后实际电量小于额定电量，续航里程会减少（例如逸动EV300/CS15CALT70A·h电池用直流充满后，实际电量为额定电量的97%左右，实际续航里程会减少3%）。

3）寿命状态（SOH）对续航里程的影响。

电池老化内阻增大，可用电量降低，与SOH成正比，导致续航里程偏低。

使用方式的影响因素：

1）车速。电动汽车在高速工况下风阻增加，导致能耗增加，续航里程变短。

2）车辆状态。极端工况（满员）相对基本质量，续航里程下降10%。

3）路况、驾驶风格、空调的使用等都对续航里程由明显的影响，如图1-18所示。

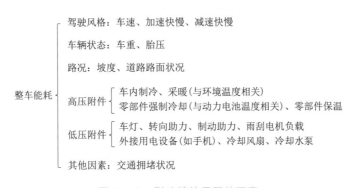

图1-18 影响续航里程的因素

（3）电池寿命及衰减。

1）电池寿命。

电池的寿命有"干贮存寿命""湿贮存寿命"两个概念。必须指出，这两个概念仅是针对电池自放电大小而言的，并非电池的实际使用期限。电池的真正寿命是指电池实际使用的时间长短。

对一次电池而言，电池的寿命是表征出额定容量的工作时间。

对二次电池而言，电池的寿命分为充放电循环寿命和湿搁置使用寿命两种。

充放电循环寿命，是衡量二次电池性能的一个重要参数之一。充放电循环寿命越长，电池性能越好。目前，在常用的二次电池中，镍镉电池的充放电寿命为500~800次，铅酸电池为200~500次，锂离子电池为600~1000次，锌银电池很短，约100次。

二次电池的充放电循环寿命与放电深度、温度、充放电制式等条件有关。减少放电深度（即"浅放电"），二次电池的充放电循环可以延长寿命。

湿搁置使用寿命，也是衡量二次电池性能的重要参数之一。湿搁置使用寿命越长，电池性能越好。在目前的电池中，镉镍电池湿搁置使用寿命为2~3年，铅酸电池为3~5年，锂离子电池为5~8年，锌银电池最短，只有1年左右。

2）电池的寿命评价。

电池工作寿命一般从两个维度进行评价，一是容量衰减，导致行驶里程不够；二是功率衰减，无法满足工况要求，充电时无法充满，放电时无法放完。

第一种情况：电芯的衰减由两部分造成，一部分是电芯的循环，对应整车充电和行驶；第二部分是日历寿命，即电池在不适用只存储的过程中，也会出现衰减。

第二种情况：功率无法满足要求，也有两种表现，一是电池常温内阻增大，车辆在充电时电压上升过快，无法充满，放电时电压下降过快，车辆因功率不足而无法继续行驶，此时如果用小电流充放，电芯均能获得更大的容量；二是在无加热的环境下，低温功率不足导致无法冷启动，也会造成电池无法使用。

电池的寿命现状：对于目前 200 W·h/kg 体系的电芯而言，电池常温 90% 循环周次在 500 周左右，对应 250 km 的续航里程，大约可以跑 12.5 万公里，25 ℃存储条件下电池大概在 5 年左右衰减到 90%（预估）。

电量衰减。

电池是一个电化学体系，充电过程中锂离子从正极脱出，进入负极，负极表面有一层石墨和电解液反应形成的具有导离子特性而不导电的薄膜（SEI）。

电池的容量取决于正极有多少锂离子能脱出并进入负极，随着电池使用和存放，电解液和负极之间发生副反应，以及 SEI 不断增厚，一方面会消耗锂离子，使得电池容量降低，另一方面 SEI 增厚，内阻增大，电池的容量将更难放出。

电池的衰减主要由负极造成，是电化学反应，负极温度和负极嵌锂状态对化学反应有直接的影响。

电池电量的衰减呈现两个趋势（见图 1-19），一是行驶里程越长，衰减越大；二是温度越高，衰减越大。行驶里程和温度是两个很重要的影响因素。

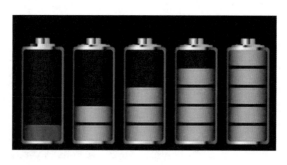

图 1-19　电池电量衰减趋势

3）电池的正确使用方式。

①避免将整车暴露在地表为 49 ℃以上的环境下超过 6 h。

②避免将整车暴露在环境为 -25 ℃以下超过 7 天。

③当电池电量低于 10% 时，避免在不充电的情况下将车停放 14 天以上。

④车辆使用后，建议待电池冷却后再充电。

⑤最好将车停放在阴凉的地方，避免太阳直晒并远离其他热源。

⑥尽量使用交流充电方式，最大限度地减少快充次数。

⑦避免激进的驾驶方式。

⑧多使用 D 挡进行驾驶。

（4）充电时长。

慢充：充电时长取决于充电机功率，例如 CS15 EV300 充电机功率为 3.3 kW，电压平台为 306 V，充电电流为 10 A，充满需要 14 h。

快充：充电时长取决于电池在不同温度下可承受的最大充电电流，同时，也受限于快充桩所能提供的最大电流值。以 CS15 EV300 电池可承受的最大持续充电电流（I_{max}）为例（见表 1-3）：

表 1-3 动力电池最大持续充电电流对比表

温度/℃	< -20	[-20, -10)	[-10, 0)	[0, 5)	[5, 10)	[10, 15)	[15, 20)	[20, 25)	[25, 45)	[45, 50)	[50, 55)	≥55
I_{max}/A	0	7	14	28	46	70	98	140	150	98	46	0

由表 1-3 可见，在 20 ~ 45 ℃时，电池能够发挥最大充电能力。

因此，想要得到最短的充电时长，就需要保证电池在舒适温度区（可以利用电池系统热管理技术解决）工作。

比亚迪刀片
电池黑科技

比亚迪刀片电池，
出鞘安天下

 任务实施

请查阅资料填写下表。

任务名称	动力电池的技术参数及性能指标		
姓名：	班级：		学号：
动力电池的技术参数		动力电池的性能指标	
1. _____ 2. _____ 3. _____ 4. _____ 5. _____ 6. _____ 7. _____ 8. _____ 9. _____ 10. _____		1. _____ 2. _____ 3. _____ 4. _____	

任 务 评 价

班级			组号		日期	
评价指标	评价要求				分数	分数评定
职业素养	能合理分工，制订计划，且严谨认真				20	
	能爱岗敬业、服从意识					
	有高度的安全意识					
	具备团队合作、交流沟通、分享能力					
思政素养	有环境保护和可持续发展的认知意识				20	
	有科技创新与产业竞争意识					
	有行业规范与安全管理意识					
	有文化传承与社会责任意识					
课堂参与	能积极参与讨论和提问				10	
	有良好的学习态度和求知欲					
	能积极分享自己的观点和思考					
学习能力	能采取多样化手段收集信息，解决问题				20	
	能主动保质保量完成任务实施相关内容					
专业能力	能正确描述动力电池的技术参数				30	
	能正确描述动力电池的性能指标					
	能正确使用动力电池					
综合评价						

项目2 | # 动力电池的高压安全防护

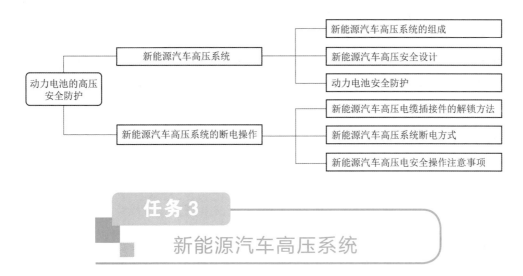

知识结构

知识结构图：

动力电池的高压安全防护
- 新能源汽车高压系统
  - 新能源汽车高压系统的组成
  - 新能源汽车高压安全设计
  - 动力电池安全防护
- 新能源汽车高压系统的断电操作
  - 新能源汽车高压电缆插接件的解锁方法
  - 新能源汽车高压系统断电方式
  - 新能源汽车高压电安全操作注意事项

任务 3

新能源汽车高压系统

任务导入

随着环境保护意识的不断增强和新能源技术的不断成熟，新能源汽车已成为未来汽车发展的趋势。新能源汽车高压安全设计是保障人民生命安全的重要环节。高压系统在新能源汽车中起着关键作用，如果安全设计不当或者管理不善，可能引发严重事故，危及人民生命安全。因此，了解和掌握高压系统的安全设计原则和技术规范，对于确保新能源汽车的安全运行至关重要。本项目将详细介绍高压电控系统的构成、工作原理以及在新能源汽车中的作用。

学习目标

知识目标：掌握新能源汽车高压系统的组成

技能目标：熟悉新能源汽车高压安全设计的步骤

掌握动力电池安全防护

素质目标：培养求真务实、严谨细致的工作态度

团结协作、知行合一、刻苦耐劳等工匠精神

任务分析

根据国家标准 GB 18384—2020《电动汽车安全要求　第 3 部分：人员触电防护》的要求，考虑到空气的湿度和不同工作环境下的人体电阻，以及电压等级的不同可能对人体造成的伤害和危险程度的不同，新能源汽车按照类型和数值将车辆电压分为两个安全等级。

A 级为较安全的电压等级，最高工作电压为小于或等于 60 V；工作电压在交流电时应低于 30 V，在这个电压下工作的维护人员可以不做特殊的触电保护。

B 级为高压电，会伤及人体，对维护人员必须采取防护设备。

在维修传统汽车电器系统时，维护人员不会害怕触电受伤，但是新能源汽车维修就不是这么回事了。新能源汽车都采用高压（HV）电路，如果没有按照正确的安全程序进行操作，就会出现重大事故。因此，新能源汽车装配有橘色的高压部件及其线束，高压部件和车体经过二级绝缘处理，以保证高压安全。

<h2 style="text-align:center">子任务 3.1　新能源汽车高压系统的组成</h2>

 任务知识

新能源汽车高压系统的组成部件包括动力电池、驱动（电机）、高压配电箱（PDU）、空调压缩机、DC/DC 转换器、车载充电机（OBC）、取暖器（PTC）、高压线束等，其中动力电池、驱动电机和高压控制系统是新能源汽车的三大核心部件。

新能源汽车高压　　比亚迪高压系
部件介绍　　　　统集成化产品

1. 动力电池

新能源汽车的动力来源是动力电池，而不是发动机，这一点与传统燃油汽车不同。因为纯电动汽车直接使用的是电能，排放出来的物质会直接进入大气中，不需要像传统燃油汽车那样燃烧燃料。所以为了减少环境污染，提高能源利用率，大力支持新能源汽车的发展。

乘用车主流电压等级：200 ~ 400 V；物流车电压等级：300 ~ 500 V；商用车电压等级：700 V 左右；乘用车的电压等级趋势是 800 V 高压平台，对系统安全设计提出更高要求。目前，锂离子动力电池是主流，见图 2 – 1。

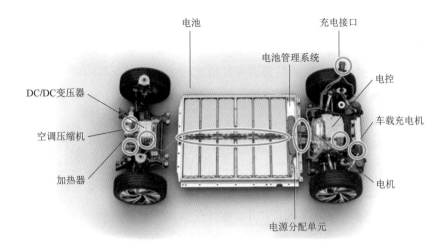

图 2-1 新能源汽车的高压系统的组成

注：圈内为高压连接器。

2. 驱动电机

与传统燃油汽车的引擎不同的是，驱动电机是将电能转换成机械能，具有更高的工作效率，达 85% 以上。所以比传统汽车的能源利用率更高，可以减少浪费资源的问题（见图 2-2）。

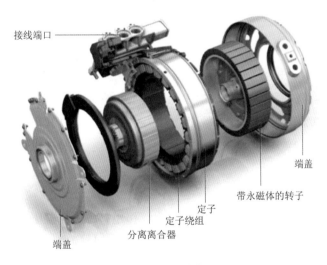

图 2-2 驱动电机

电机调节器单片机将高压直流电转换为高压交流电，并与整车其他模块进行信号交互，实现对电机的有效调节。

3. 高压配电盒

高压配电箱（Power Distribution Unit，PDU），是新能源汽车高压系统的电源分配单元，通过母排和线束将高压元件进行电连接，为新能源汽车高压系统提供充放电控制、高压元件上电控制、电路过载短路保护、高压采样、低压控制等多种功能，对高压系统运行情况进行保护和监控。PDU 可以集成 BMS 主控、充电模块、DC 模块、PTC 控制模块等功能，在结构上更加集成化、复杂化，具备散热结构，如水冷或风冷等（见图2-3）。

4. 空调压缩机

传统汽车的压气机是促使发动机带动压气机运转的电磁离合器的吸合作用。纯电动汽车没有引擎，直接靠高压动力驱动压缩机。将纯电动汽车的空调压缩机也称为电压机，以区别于传统汽车的压缩机。

空调压缩机是制冷系统的心脏，可以将低压气体升为高压气体。它将低温低压的制冷剂气体从吸气管吸入，经电机运转带动活塞压缩后产生高温高压的制冷剂气体，排出排气管，从而提供制冷循环的动力（见图2-4），实现压缩→冷凝（放热）→膨胀→蒸发（吸热）的制冷循环。压缩机分为活塞压缩机、螺杆压缩机、离心压缩机、直线压缩机等。

图2-3 高压配电盒　　　　　　　　图2-4 空调压缩机

5. DC/DC 转换器

在新能源汽车上，使高压直流电转换为低压直流电的装置是DC/DC转换器（图2-5）。新能源汽车没有引擎，全车的动力来源都是动力电池。由于全车电器的额定电压为低电压，因此需要采用DC/DC转换器，使全车电力保持平衡，这样才能将高压直流电转换为低压直流电。

6. 车载充电器

车载充电机（On Board Charger，OBC），主要作用是将电网电压连接到车载充电机上，通过地面交流充电桩和交流充电口给动力电池充电（见图2-6）。

图2-5 DC/DC 转换器　　　　　　　图2-6 车载充电器

现在的 OBC 普遍默认为隔离式 OBC，是指需要在电网侧和车侧之间设置耐压 2 500 ~ 3 750 V 的电器隔离层，以提高电器安全性。

电气隔离是指避免电路中的电流从某一区域直接流到另一区域的方式，即电流直接流动的路径不是建立在两个区域之间。虽然电流不能直接流过，但仍可以透过电磁感应或电磁波或以光学、声学或机械等方式传送。

电气隔离的作用主要是减少相互干扰的两个不同电路，比如某一实际电路运行环境差，容易引起接地等故障。若不使用电气隔离，直接与电源相连，则整个电网可能受到影响而无法正常运行。采用电气隔离后，电路在接地时不会对整个电网的工作造成影响，同时还可以通过绝缘监测装置对电路和地面绝缘状况进行检测，一旦线路接地，可以及时发出警报，提醒管理人员及时进行检修或处理，避免出现保护装置跳闸断电的现象。

受整车布置的影响，现在很多车都把 OBC 和 DC/DC 当作控制器来使用，其作用实际上是把两个部件的功能组合在一起（见图 2 – 7）。

7. 加热器

加热器（Positive Temperature Coefficient，PTC），泛指半导体材料或具有较大正温度系数的元件。通常我们所说的 PTC 是指温度系数为正的热敏电阻，简称 PTC 热敏电阻（见图 2 – 8）。

图 2 – 7　OBC + DC/DC

图 2 – 8　加热器

传统汽车上空调暖风系统的热源是引入发动机冷却后冷却液的热量，这在新能源车上是不存在的，所以需要一种叫做空调 PTC 的特殊制热装置，这种装置的作用就是加热。在低温状态下电池包正常工作需要一定的热量，此时需要空调 PTC 预热电池包。

8. 高压线束

高压线束是新能源汽车电路的网络主体，是新能源汽车电路的一个存在载体。新能源汽车线束是电气部件工作的桥梁和纽带，是电力和信号传输分配的神经系统。高压线束可按电压等级的不同配置到新能源汽车的内外线束连接上，主要应用于配电箱内部线束信号的分配，对电能进行高效、高质量的传输，并对外界信号干扰进行屏蔽。

高压连接系统是由高压线束和接缝构成的。DC/DC 转换器、水暖 PTC、充电机、风暖

PTC、直流充电口、动力电机、高压线束、维修开关、逆变器、动力电池、高压箱、电动空调、交流充电口等需要用到连接器。高压线束对新能源汽车的高压系统起着非常重要的作用，它是新能源汽车高压系统的神经网络。

任务实施

任务名称		新能源汽车高压系统的组成	
姓名：	班级：		学号：
序号	图例	填写图例的名称及功能	
1			
2			
3			
4			
5			

续表

序号	图例	填写图例的名称及功能
6		
7		

任务评价

班级		组号		日期	
评价指标	评价要求			分数	分数评定
职业素养	是否具备良好的职业道德和责任心			20	
	是否遵守工作纪律和规范操作流程				
	能否与他人合作并保持良好的沟通和协调能力				
思政素养	高压系统管理是否与"生命至上、安全第一"的理念相符			20	
	能够把握时代发展趋势,有较强的判断力和分析能力				
课堂参与	在课堂上是否积极参与讨论和提问			10	
	展示良好的学习态度和求知欲				
	能够积极贡献自己的观点和思考				
学习能力	在学习过程中是否具备较强的自学能力和学习方法			30	
	是否能够快速适应新知识和技能,并能够独立解决问题和思考				
专业拓展	能正确掌握高压系统的种类			20	
	能合理运用所学知识解决实际问题				
综合评价					

子任务 3.2 新能源汽车高压安全设计

⊙ 任务知识

与传统燃油汽车相比，新能源汽车在配备大量高压附加设备的同时，采用了容量大、电压高的动力电池和高压驱动电机及行车控制系统，如空调压缩机（电动空调）、取暖器和 DC/DC 转换器等。因此，与传统燃油汽车完全不同的是，在高压下的安全隐患，存在带来高压电伤害的问题。

根据新能源汽车的特殊结构和电路的复杂性，考虑新能源汽车的高压电安全问题，高压电系统安全、合理的规划设计和必要的监控，是新能源汽车安全运行的必要保障。

1. 高压系统构成

新能源汽车高压系统同时具有直流高压和交流高压，高压系统如图 2-9 所示。新能源汽车高压系统安全管理单元功能布局合理、控制策略安全可靠是实现系统功能的重要保证。

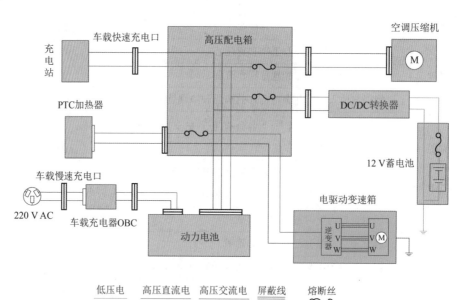

图 2-9 新能源汽车高压系统

2. 高压电气系统安全设计

根据新能源汽车安全标准要求，新能源汽车的高压系统应从以下五个方面进行设计，包括高压电电磁兼容性设计、高压部件和高压线束的防护与标识设计、预充电回路保护设计、高压设备过载/短路保护设计、高压系统余电放电保护设计。

（1）高压电电磁兼容性设计。

从新能源汽车来看，电磁兼容是指在预期的电磁环境下，电子、电气设备或系统能够按照设计要求正常工作。电磁兼容性包括两个部分：电磁干扰与电磁耐受性。电磁干扰是指电器件本身对其他系统不利的电磁噪声，在执行应有功能过程中所产生的电磁噪声。电磁耐受性是指在执行应有功能的过程中，电器件不受周围电磁环境影响的一种能力。

电磁干扰源分为车载干扰源、自然干扰源、人为干扰源三种类型。

车载干扰源是指汽车上的各种电子电器系统所产生的电磁波扰动。车载干扰源主要有驱动系统、功率变换器、动力转换器、动力电池、电动辅助系统、继电器、开关、通信装置和电子装置。车载干扰源的电磁传播有两种形式，一种是传导干扰，另一种是辐射干扰。

自然干扰源是指由自然现象引起的电磁扰动。自然界比较典型的电磁现象是大气噪声、太阳噪声、宇宙噪声、静电放电产生的电磁噪声。这样的电磁噪声多数情况下比较复杂，基本上可以忽略对汽车的干扰。但是，闪电和静电放电所产生的瞬变场，其强度也许是很大的。

人为干扰源是指汽车外部的人工装置对汽车产生的电磁扰动，主要有发射电磁波干扰的车外雷达、无线电台发射机、移动通信设备等，以及高压输电线的放电等。

电磁耐兼容骚扰等级分为四级，如表 2 - 1 所示。

表 2 - 1　电磁耐兼容骚扰等级

等级	详情
等级一	功能在施加骚扰期间和之后，该功能可以正常执行其预先设定好的功能
等级二	功能在施加骚扰期间，有可能超出规定的偏差，但在停止被骚扰前，功能必须自动恢复至正常工作范围
等级三	功能在施加骚扰期间和之后，有可能超出规定的偏差，要恢复到正常的工作范围必须通过驾驶员的操作
等级四	功能在施加骚扰期间和之后，有可能超出规定的偏差，驾驶员操作无法恢复到正常工作范围，可以通过修理/替换恢复到正常工作范围

新能源汽车高压交流系统的电磁干扰性较强，因此在设计高压线束时，电源线和信号线尽可能采用隔离或分离的方式对线路进行分布；考虑在电源线两端使用隔离接地，避免在信号线上形成噪声耦合共同阻抗耦合的接地回路；要避免把输出信号线连成线，造成干扰；在同一接缝上应尽量避免输入和输出信号线，如不能避免，应将信号线的输入和输出位置开错。

（2）高压部件和高压线束的防护与标识设计。

防护和标识主要从三个方面保护高压元件：防水、机械保护、高压警示牌，特别是布置在机舱内的部件，如电机及其控制系统、电动空调系统、DC/DC 转换器、车载充电机等，以及它们中间的连接接口，都需要达到一定的防水和防护等级。在高压部位设置高压危险警示牌，当对这些高压部位进行维护和保养时，提醒使用单位和养护人员一定要注意。

新能源汽车线束包括低压线束与高压线束，高压线束包括用橘色线缆和橘色波纹管保护，对用户和维修人员进行提示和警示。同时，高压接头也应打上橙色标志，起到警示作用，所选用的高压接头应符合防护等级 IP67 等级。

（3）预充电回路保护设计。

新能源汽车内部大量的高压电力设备在工作过程中都要有一个预充电的过程，为了防止设备内部部件在高电压瞬间被击穿，会在内部设置一个较大的预充电容，在较小的范围内对初上电的电流进行限制，故高压系统需采取预充电回路的方式对高压设备进行预充电。图 2-10 所示为预充电回路原理图。

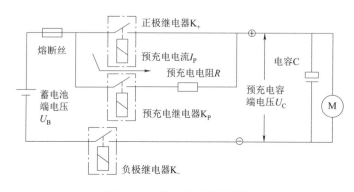

图 2-10　预充电回路原理图

预充电（初上电流）：

动力电池→熔断丝→预充电继电器 K_P→预充电电阻 R→电容 C/用电设备。

工作状态：

动力电池→熔断丝→正极继电器 K_+→电容 C/用电设备。

目前，电动汽车高压预充电回路控制有方式 1、方式 2、方式 3 三种方式，见表 2-2。广泛采用的是方式 1 和方式 2。

表 2-2　高压预充电回路控制方式

回路控制方式	控制信号输入	满足执行条件	输出方式
方式 1	动力电池母线电流 I	母线电流接近 0 A	输出预充完成信号
方式 2	动力电池端电压 U_B 和预充电容电压 U_C	$(U_B - U_C)/U_B \approx 0$	
方式 3	动力电池端电压 U_B	延长时间 t/s	

（4）高压设备过载/短路保护设计。

相关高压回路在汽车高压附件设备发生过负荷或线路短路时，应能自动切断电源，确保高压附件设备不被破坏，保证汽车及驾乘人员安全。因此在高压系统设计中应设置过载或短路的保护部件，如在相关电路中设置保险和接触器。当发生过载或短路导致保险或接触器短路时，高压管理系统会综合判断接触器触点，并通过有效指令闭合相关控制接触器，若检测到相关电路故障，则通过声光报警的方式向司机提示。

（5）高压系统余电放电保护设计。

由于高压系统的电动空调和电机控制器等高压部件存在大量的电容。在高压主回路断开的情况下，由于高压部件的电容存在，导致高压系统中存在着电压较高、电能较大的情况。在切断高压系统后，应将电容的高压电通过并联在高压系统中的电阻释放掉。

 任务实施

任务名称	新能源汽车高压安全设计		
姓名：	班级：		学号：

1. 新能源汽车高压系统中，直流高压元器件：_____，交流高压元器件：_____。

2. 高压电电磁兼容性包括两个部分：_____与_____，其中电磁干扰分为_____、_____、_____。

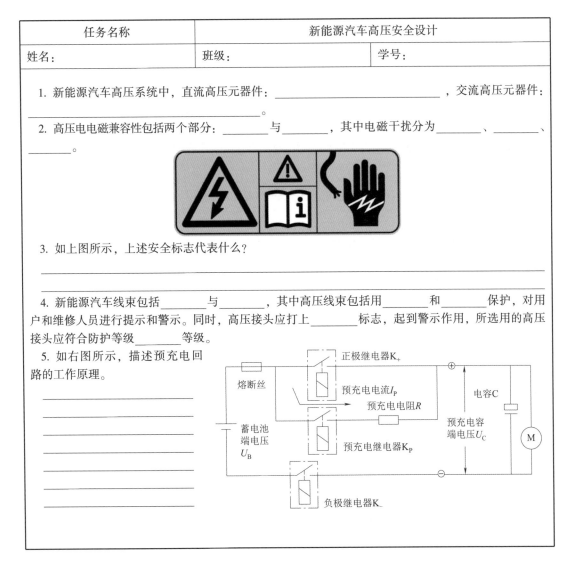

3. 如上图所示，上述安全标志代表什么？

_____

4. 新能源汽车线束包括_____与_____，其中高压线束包括用_____和_____保护，对用户和维修人员进行提示和警示。同时，高压接头应打上_____标志，起到警示作用，所选用的高压接头应符合防护等级_____等级。

5. 如右图所示，描述预充电回路的工作原理。

_____

_____

_____

_____

_____

_____

🌀 任务评价

班级		组号		日期	
评价指标	评价要求			分数	分数评定
职业素养	是否具备良好的职业道德和责任心			20	
	是否遵守工作纪律和规范操作流程				
思政素养	是否增强对人民生命安全和社会稳定重要性的认识			20	
	能够把握时代发展趋势，有较强的判断力和分析能力				
课堂参与	在课堂上是否积极参与讨论和提问			20	
	展示良好的学习态度和求知欲				
	能够积极贡献自己的观点和思考				
学习能力	在学习过程中是否具备较强的自学能力和学习方法			20	
	是否能够快速适应新知识和技能，并能够独立解决问题和思考				
专业拓展	能正确掌握高压系统设计是否执行相关法律法规			20	
	能合理运用所学知识解决实际问题				
综合评价					

子任务 3.3　动力电池安全防护

🌀 任务知识

动力电池系统作为新能源汽车的重要能源来源，稍有不慎就可能成为导致严重危害的事故源头，其安全性至关重要。

1. 动力电池系统的安全特征

作为高能载体的动力电池系统，由于能量释放异常，本身就可以产生巨大的破坏力，而不需要外部的能量输入。电能释放（电击）和化学能量释放（燃烧、爆炸）是两种非正常释放能量的表现形式，如图 2－11 所示。

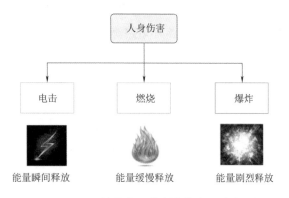

图 2-11　能量非正常释放的表现形式

（1）电击分析。

动力电池系统为非安全电压的直流电系统，产生的电击危害是人的直流触电。

1）构成直流触电的基本要素：

①电压等级超过安全电压标准的电压等级（直流 60 V）。

②存储的电荷达到一定能量等级（几百焦耳的电能足以致命）。

③人体与高压直流电的两级构成放电回路。

带电物体的正负极必须与人体构成放电回路，这是发生直流触电的必要条件，其发生概率和危害都比交流触电小，只要人体与某一相线接触，交流触电就能构成相线、人与地之间的放电回路。

2）导致动力电池系统发生触电的原因：

①外壳或高压端口的接触保护失效，人体同时接触到两个暴露在外的电极，构成放电回路。

②正负极与壳体的绝缘均失效，动力电池系统的外壳不同部位带电且电位不等（电位差大于 60 V），人体同时接触到这两个带电部位，构成放电回路。

在安装、拆卸、维护、充电时均有可能发生触电，但原因①的发生概率和危害要高于原因②，原因②一般可以通过等电位的方式来做附加防护。

（2）燃烧和爆炸分析。

导致动力电池系统发生燃烧或爆炸的可能原因：

①电芯的放热副反应使可燃物热失控而引燃，如电解液、隔离膜等。

②局部连接阻抗过大，造成温度上升，达到着火点，引燃动力电池包内部的可燃物质。

③动力电池包外部发生火灾，导致动力电池包温度持续升高，达到着火点，引燃内部的可燃物质。

针对新能源汽车的使用情况而言，出现原因①的概率是最高的，危害也是最大的。动力电池系统燃烧或爆炸的主要原因是电芯的放热副反应导致热失控。

目前，新能源客车起火事件时有发生，主要是电瓶进水导致线路外短路、电连接失灵、电芯充电过快、电芯漏电、其他线路外短路等引起的。归根结底还是以动力电池的安全性为主。

2. 动力电池热失控原因

（1）过热引起动力电池热失控。

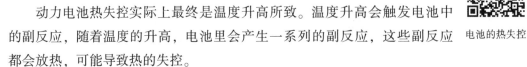

电池的热失控

动力电池热失控实际上最终是温度升高所致。温度升高会触发电池中的副反应，随着温度的升高，电池里会产生一系列的副反应，这些副反应都会放热，可能导致热的失控。

（2）电触发引起动力电池热失控。

外部短路、内部短路、动力电池充过电等由电力触发引起的动力电池热失控，都会造成热的产生，继而形成热，热失控就会产生。

（3）碰撞引起动力电池热失控。

当车辆发生碰撞后，电池受到挤压变形会产生大量热量，引起电芯内部压力升高，可能引发热失控。若碰撞严重，发生穿刺现象，将导致动力电池内部短路，电流过大进而产生大量热量。热量聚集到一定程度，会导致热失控。当动力电池发生热失控现象时，它会通过燃烧、爆炸等方式释放大量热能。

3. 电池高压安全

高电压、大电流的动力回路是新能源汽车电池系统的一个重要特征。高压电气系统的工作电压可达 300 V 以上，电力传输线路阻抗小，以适应电机驱动的工作特性要求，提高效率。在瞬时短路放电电流成倍增加的情况下，高压电气系统的正常工作电流可能达到几十甚至上百安培。高电压、大电流在对低压电器和车辆控制器正常工作造成影响时，也会危及车上乘客的人身安全。因此，在高压电气系统的设计和规划上，既要完全满足整车动力驱动的要求，又要保证车辆的运行安全和驾乘人员的安全，使车辆运行环境万无一失。

针对新能源汽车的实际结构和电路特性，设计安全合理的防护措施，是保证驾乘人员及车辆装备安全运行的关键所在。为确保高压电力安全，必须专门规划设计高压电力防护系统。国际标准化组织和美国、日本等发布了多项针对电动汽车高压电力安全和控制的电动汽车技术标准，规定高压系统必须有自动切断高压电力的装置。

锂电池着火如何处理

新能源汽车的运行情况非常复杂，在运行过程中，难免会出现部件间的相互碰撞、摩擦、挤压，这有可能使原本绝缘良好的导线绝缘层出现破损，接线端子与周围金属出现搭接。高压电缆绝缘介质老化或受潮湿环境影响等因素都会导致高压电路和车辆底盘之间的绝缘性能下降，电源正负极引线将通过绝缘层和底盘构成漏电回路。当高压电路和底盘之间发生多点绝缘性能下降时，还会导致漏电回路的热积累效应，可能造成车辆的电气火灾。因此，高压电气系统相对车辆底盘的电气绝缘性能的实时监测也是电动汽车电池安全及整车安全技术的核心内容。

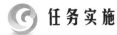 **任 务 实 施**

任务名称	动力电池安全防护	
姓名：	班级：	学号：

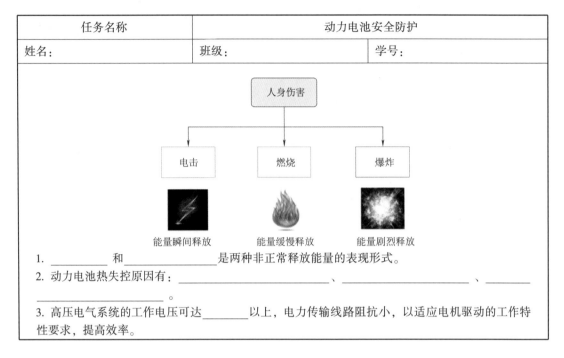

1. _____ 和 _____是两种非正常释放能量的表现形式。
2. 动力电池热失控原因有：_____ 、 _____ 、 _____
_____ 。
3. 高压电气系统的工作电压可达_____以上，电力传输线路阻抗小，以适应电机驱动的工作特性要求，提高效率。

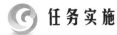 **任 务 评 价**

班级		组号		日期	
评价指标	评价要求			分数	分数评定
职业素养	是否具备良好的职业道德和责任心			30	
	是否正确对待动力电池安全问题的态度和行为				
	是否具有创新精神和实践能力				
思政素养	是否具有正确的安全意识和预防意识			20	
	是否具有为国家和社会做出贡献的责任感和使命感				
课堂参与	在课堂上是否积极参与讨论和提问			20	
	展示良好的学习态度和求知欲				
	能够积极贡献自己的观点和思考				
学习能力	在学习过程中是否具备较强的自学能力和学习方法			20	
	是否能够快速适应新知识和技能，并能够独立解决问题和思考				
专业拓展	能合理运用所学知识解决实际问题			10	
综合评价					

任务 4
新能源汽车高压系统的断电操作

任务导入

　　新能源汽车的电压较高，因此必须按照高压作业规程先进行高压系统的断电作业，然后才能保养维修新能源汽车。断开系统高电压以后，可在一定程度上确保汽车高压系统不再具有高电压，从而保证维修作业人员的人身安全。正确掌握高压电缆插接件的解锁方法，提前了解新能源汽车高压系统的断电流程及安全操作注意事项，才能进行新能源汽车高压检修。

学习目标

　　知识目标：掌握新能源汽车的高压系统连接方式
　　技能目标：掌握新能源汽车高压电缆插接件的解锁方法
　　　　　　　　掌握新能源汽车高压系统断电方式
　　　　　　　　掌握新能源汽车高压电安全操作
　　素质目标：培养细致认真的工作态度
　　　　　　　　培养学生新能源汽车高压系统安全操作的相关规程和标准
　　　　　　　　培养自己查找文献资料的能力

理论知识

　　停电先拉开关后拉闸刀，送电先合闸刀后合开关。当开关两侧带有闸刀时，送电先将电源侧合起来再将负载侧合起来，停电先拉负载侧后拉电源侧。闸刀允许拉合空载母线和电压互感器，不允许拉合变压器。

子任务 4.1　新能源汽车高压电缆插接件的解锁方法

任务知识

　　高压电缆是新能源汽车高压部件工作的纽带和桥梁，而插接件是高压电缆中的核心部件之一。插接件的功能是在电路内被阻断处或孤立不通的电路之间架起沟通的桥梁，从而使电流流通，使电路实现设计功能。插接件的性能直接决定线束的整体性能，对整个汽车的电气稳定性和安全性都起着举足轻重的作用。

新能源汽车高压电缆插接件主要应用在动力电池、高压控制盒、DC/DC 变换器、车载充电机、空调压缩机、空调加热器、驱动电机、直流充电口、交流充电口、高压电缆、维修开关等处。

1. 以高压电缆插接件的接触件结构形式划分

（1）片簧式插接件。

片簧式插接件的插孔为冠簧孔，插孔内部安放有 1 ~ 2 个片簧圈，每个片簧圈由多个弹簧片组成（见图 2 – 12）。图 2 – 12 中插孔结构采用了双曲线冠簧技术，接触面积可增加 65%，表面涂有镀银层，提高耐磨性。

图 2 – 12 片簧式插接件

（2）线簧式插接件。

线簧式插接件内部插孔为线簧孔，其结构和片簧式插孔的结构相似，但是由弹簧线组成。线簧式插孔虽然性能优良，但是工艺复杂，成本较高。线簧式插接件内部结构如图 2 – 13 所示。

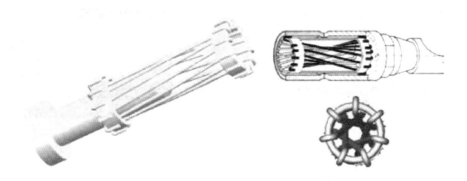

图 2 – 13 线簧式插接件内部结构

2. 按高压电缆插接件的锁止机构不同来划分

新能源汽车高压电缆插接件设置有锁止机构，避免人为意外触发或在行驶中由于振动等因素造成断开锁止机构。高压电缆插接件按锁止机构不同分为以下几种。

（1）一级锁止机构式高压电缆插接件。

典型应用有快充电缆的插接件和动力电池电缆的插接件，如图2-14、图2-15所示。

图2-14 快充电缆的插接件

图2-15 动力电池电缆的插接件

（2）二级锁止机构式高压电缆插接件。

二级锁止机构式高压电缆插接件结构中包括相互配接的插接件插头、插接件插座及加强两者连接的助力手柄，如图2-16所示。

图2-16 二级锁止机构式高压电缆插接件

（3）三级锁止机构式高压电缆插接件。

北汽EV200汽车的维修开关是三级锁止机构式，结构如图2-17所示，包括相互配接的插接件插头、插接件插座及加强两者连接的两个内外侧助力手柄。

（4）航空插头。

在一些大电流连接的新能源汽车插头上，大电流航空插头的应用非常广泛。图2-18所示为19芯航空插头，插座的外表面和插头的内表面有相配合的螺纹。

图 2 – 17 　三级锁止机构式高压电缆插接件结构 　　图 2 – 18 　19 芯航空插头

 任务实施

任务名称	新能源汽车高压电缆插接件的解锁方法		
姓名：	班级：		学号：

1. 一级锁止机构式高压电缆插接件的解锁方法

（1）拆卸

（2）安装

（3）动力电池电缆插接件的解锁方法

2. 二级锁止机构式高压电缆插接件的解锁方法

（1）第一级解锁

（2）第二级解锁

3. 三级锁止机构式高压电缆插接件的解锁方法

续表

4. 航空插头的解锁方法

（1）解锁（航空插头插座的外表面和插头的内表面有相配合的螺纹）

（2）安装

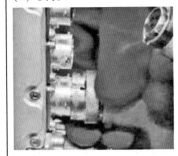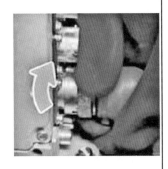

任务评价

班级		组号		日期	
评价指标	评价要求			分数	分数评定
职业素养	是否具备良好的职业道德和责任心			25	
	新能源汽车高压系统安全操作的相关规程和标准				
	是否具有创新精神和实践能力				
思政素养	是否具有正确的安全意识和预防意识			20	
	是否具有为国家和社会做出贡献的责任感和使命感				
课堂参与	在课堂上是否积极参与讨论和提问			20	
	展示良好的学习态度和求知欲				
	能够积极贡献自己的观点和思考				

续表

评价指标	评价要求	分数	分数评定
学习能力	在学习过程中是否具备较强的自学能力和学习方法	15	
	是否能够快速适应新知识和技能，并能够独立解决问题和思考		
技能操作	是否具有技术能力和应急处理能力	20	
	是否认识和理解新能源汽车高压系统的断电操作		
综合评价			

子任务4.2 新能源汽车高压系统断电方式

任务知识

1. 作业规范

在检修高压新能源汽车之前，必须规范实施断电、高压电巡视等作业，避免高压触电发生。除了做好布置场地、准备绝缘用品、断开低压电源等工作外，在高压系统断电之前，应了解新能源汽车运行"十不准"的相关情况。

（1）装接新能源汽车高压电气设备的工作人员不准不持有电工证。

（2）任何人不准随意接触电气设备和开关。

（3）应及时调换破损的电气设备，不准使用绝缘损坏的电气设备。

（4）不准利用车身电源对新能源汽车以外的用电设备供电。

（5）切断设备检修电源时，任何人不准启动挂有警告牌的电气设备，或合上拔去的熔断器。

（6）不准用水冲洗、擦拭电气设备。

（7）熔丝熔断时，不准调换容量不一致的熔丝。

（8）未经技术部门或主管部门批准，不准私自对新能源汽车进行改动或加装。

（9）发现有人触电应立即切断电源抢救，不准直接接触触电者，直至电源脱离为止。

（10）雷雨天气，不准在户外对车辆充电和进行维修维护工作。

2. 场地布置

作业前应进行现场环境检查，检查绝缘垫，设立隔离柱，布置警戒线，张贴警示牌，以警示相关人员，避免无关人员进入现场发生安全事故。

3. 准备绝缘用品

（1）个人安全防护用品。

新能源汽车维修人员必须对绝缘手套、绝缘鞋、护目镜、安全帽等必要的安全防护用品进行检查并佩戴，安全防护用品如图 2 - 19 所示。

图 2 - 19   安全防护用品

（2）绝缘工具。

新能源汽车维修中进行高压部件的拆装时需要使用绝缘工具，确保维修人员人身安全。

（3）绝缘万用表。

需使用新能源汽车电气绝缘性能检测专用绝缘测试仪器，测量高压电缆及零部件对车身绝缘电阻是否位于规定值范围内。

4. 断开低压电源的方法

（1）关闭车辆点火开关，确认点火开关置于"LOCK"位置，将钥匙放到一个安全的区域，通常应该远离被维护的汽车。

（2）所有充电口都要用绝缘带封死，避免在操作过程中被误充电。

（3）断开低压电池负极，切断低压控制系统，防止在检修高压系统时误操作被接通导致高压上电，造成危险。

（4）对低压电池负极桩做绝缘处理，并等待 5 min 以上。

5. 高压系统断电操作应注意以下几点

（1）维修开关只有在车辆维修、漏电报警等特殊情况下才能使用，维修开关是不允许在非特殊情况下操作的。

（2）维修开关的操作应由专业人员进行，至少操作人员应受过相关培训。

（3）只有在车辆已被下电，以及高压部件电容已充分放电的情况下才能拆下维修开关。

（4）操作时，操作者必须佩戴耐压等级大于最高电压电池包的必备安全防护用品，如绝缘手套、绝缘鞋等。用前需检查安全防护用品是否完好无损，确保安全。

（5）在拔下维修开关后，为了避免造成误操作，一定要将开关保存至维修完毕。

维修开关被断开后，正常情况下整车的高压部件将不再具有高压，同时动力电池的总输出正负极端口也不再有高压。需要注意的是，即使维修开关被断开，动力电池内的电池及其连接电路仍然具有高压。

任务实施

任务名称	新能源汽车高压系统断电方式	
姓名：	班级：	学号：

1. 高压系统断电之前，"十不准"原则是什么？

_____

2. 场地布置标准
（1）维修车间的采光标准：_____
（2）通风要求符合标准：_____
（3）场地防火符合标准：_____
（4）场地卫生符合标准：_____
（5）安全标志符合标准：_____

3. 个人防护用品检查

（1）检查绝缘手套的气密性	漏电电流：_____ 气密性检查方法：_____ _____ 检查结果： □良好　□漏气

（2）检查绝缘鞋、护目镜和安全帽外观是否完好

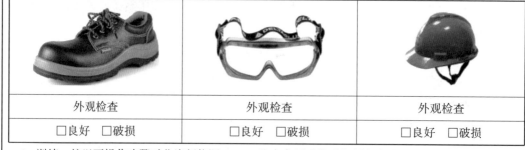

外观检查	外观检查	外观检查
□良好　□破损	□良好　□破损	□良好　□破损

4. 训练：按以下操作步骤对北汽新能源 EV200 汽车高压系统进行断电方法
（1）拆除后排座椅及地板胶
北汽新能源 EV200 汽车维修开关安装在后排座椅地垫位置，拆除维修开关前需要拆除后排座椅及地板胶
（2）拆卸维修开关遮板固定螺栓
佩戴绝缘手套，使用绝缘工具拆卸维修开关遮板固定螺栓
（3）拆除维修开关
断开并拆除维修开关。维修开关拆除后，需放置警示牌
（4）安全存放维修开关
将拆下的检修开关放入口袋或工具箱中妥善保存，防止他人误装回去，对裸露在外的检修开关槽，要用绝缘胶布封死

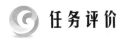 **任 务 评 价**

班级		组号		日期	
评价指标	评价要求			分数	分数评定
职业素养	是否具备良好的职业道德和责任心			20	
	是否具备操作的相关规程和标准				
思政素养	是否具有正确的安全意识和预防意识			20	
	是否具有为国家和社会做出贡献的责任感和使命感				
课堂参与	在课堂上是否积极参与讨论和提问			20	
	展示良好的学习态度和求知欲				
	能够积极贡献自己的观点和思考				
学习能力	在学习过程中是否具备较强的自学能力和学习方法			20	
	是否能够快速适应新知识和技能				
技能操作	是否具有技术能力和应急处理能力			20	
	是否掌握新能源汽车高压系统的断电操作方法				
综合评价					

子任务 4.3 　新能源汽车高压电安全操作注意事项

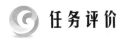 **任 务 知 识**

1. 高压验电

使用绝缘万用表测量高压部件连接器的各个高压端子，检查在执行高压断电以后是否存在高压。若电源侧显示电压值较大，则说明动力电池系统存在故障。

新能源汽车高压
安全与防护

高压验电操作应注意以下几点：

（1）个人安全防护用品必须在检查高电压端子时佩戴。

（2）必须用电压等级合适且合格的绝缘万用表进行验电。

（3）验电后如果仍有高电压，需再次进行放电，在确保没有高压电的情况下再进行下一步操作。

2. 高压部件放电

在维修新能源汽车时，虽然对电气设备进行了断电处理，但所维修高压部件可能存在残余电量，使用绝缘万用表对所维修部位进行电压测量，如果测量值大于零则应使用放电工装对部位进行放电。确认电压为零后方可进行下一步操作。

高压部件放电作业的注意事项：

（1）放电操作时，需佩戴绝缘橡胶手套。

（2）放电完毕后，为保证有效放电，必须再次进行验电。

3. 新能源汽车高压电安全操作注意事项如下

（1）对车辆进行维修时，非相关人员不允许随意接触维修车辆。

（2）对车辆进行维修时，严禁非专业人员对高压部件进行维修。

（3）未参加高压电安全培训的维修人员，凡有高压警示标识的部件，一律不予检修。

（4）维修人员需具备触电事故急救知识及技能。

（5）对高压部件进行操作时，操作人员需要穿戴好安全防护用品，必须佩戴使用绝缘手套。

（6）高压部件的母端用绝缘胶带缠绕，防止检修作业中发生高压电击或短路现象。

（7）对外露高压系统部件进行操作时，必须使用绝缘万用表进行测量，检查是否存在高压电，确保没有高压电的情况下再进行操作。

（8）在高压部件拆装后，重新接通高压电之前，需要检查所有高压部件的装配、连接，确保其可靠。

（9）所有的高压元件都应保证良好的搭铁性能。

⊙ 任务实施

任务名称	新能源汽车高压电安全操作注意事项	
姓名：	班级：	学号：

1. 高压验电操作应注意事项：
_____
_____

2. 高压部件放电作业的注意事项：
_____
_____

3. 新能源汽车高压电安全操作注意事项：
_____
_____
_____

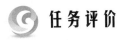 **任务评价**

班级		组号		日期	
评价指标	评价要求			分数	分数评定
职业素养	是否具备良好的职业道德和责任心			25	
	断电操作的相关规程和标准				
	是否具有创新精神和实践能力				
思政素养	是否具有正确的安全意识和预防意识			20	
	是否具有技术能力和应急处理能力				
课堂参与	在课堂上是否积极参与讨论和提问			20	
	展示良好的学习态度和求知欲				
	能够积极贡献自己的观点和思考				
学习能力	在学习过程中是否具备较强的自学能力和学习方法			20	
	是否能够独立解决问题和思考				
专业拓展	是否正确对待高压系统安全问题的态度和行为			15	
	是否正确对待新能源汽车的重要性和环保优势				
综合评价					

知识结构

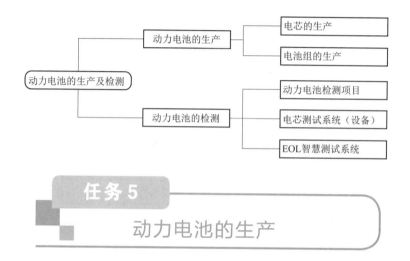

任务5
动力电池的生产

任务导入

实现"双碳"战略需要工业生产和交通领域共同发力,二者都离不开动力电池。相比燃烧化石燃料的内燃机,动力电池的能源转换效率更高,热量和能量的损耗更小,能够将电能更有效地转化为机械能,提高车辆的续航里程。本项目将详细讲解动力电池的生产过程。

学习目标

知识目标: 了解动力电池的生产过程

技能目标: 掌握电芯的生产工艺

掌握电池包的生产工艺

素质目标: 培养细致认真的工作态度

培养学生的环保意识

培养团队沟通协作的能力

任务分析

电池就像一个储存电能的容器，能储存多少的容量，是靠正极片和负极片所覆载活性物质多少来决定的。正负电极极片的设计需要根据不同车型来量身定做的。正负极材料的容量、活性材料的配比、极片厚度、压实密度等对容量的影响至关重要。

电芯是电池系统中体积最小的一个单元。新能源汽车动力电池的基本结构是由若干个电芯组成一个模块，再由若干个模块组成一个电池包。

任务知识

1. 动力电池电芯的种类

（1）圆柱形电芯。

目前，圆柱形电芯是应用最广泛的类型，圆柱形电芯的结构简单，制造工艺容易，生产成本低，但其能量密度较小，功率密度较小。

由于圆柱形电芯的高度和直径都比同尺寸长方形或方形电极大得多（约高10倍），所以它所能承受的电场强度比方形电极小得多。

同时，圆柱形电极在充放电过程中体积膨胀系数较大，而应力变化较小（一般只增加10%～15%）。因此，圆形电池在循环使用中会产生较大的内阻和温度升高、速度较慢等缺点。

（2）方形电芯。

方形电芯是指以二氧化锡或氧化镍为正极材料，石墨材料制成负极的锂电池包产品，称为方形锂离子电池包，其中正极材料为正极活性物质，负极材料为石墨粉的为正方形锂离子电池包。方形电芯的特点是容量更大，寿命更长，价格更低廉。

动力电池是怎样造出来的

（3）叠片式。

叠片式是近几年才开始研发的新型锂电池技术。这种技术的核心是在一块很薄的正负极板之间，放置数层导电聚合物膜作为隔膜以隔离正负极间短路电流，从而提高安全性与使用寿命，并降低生产成本及减少环境污染。

刀片电池的生产

（4）软包。

软包是通过将传统铅酸电池中的钢壳替换为聚丙烯塑料材质的外壳，从而提高安全性和延长使用寿命，是一种新的动力电池系统方案。

2. 动力电池电芯的技术要求

（1）单体容量。

单体容量是评价一款新能源汽车最重要的指标之一，其使新能源汽车的续航里程越长越好，充电时间越短越好，重量越低越好。

（2）安全性。

电芯的安全性代表着电池包的安全性能，在生产过程中要严格执行生产要求。

3. 电芯的生产工艺

（1）活性材料搅拌。

搅拌是通过真空搅拌机将活性材料搅拌成浆状。搅拌是动力电池生产的第一道工序，该道工序质量控制的好坏，将直接对动力电池的质量和成品合格率产生重要的影响。搅拌工序工艺流程复杂，对原料配比、混料步骤、搅拌时间等都有较高的要求。已经搅拌好的浆料以一定的速度被均匀涂抹到铜箔上、下面。

动力电池的工艺

（2）冷压与预分切。

附着有正负极材料的极片被相关设备进行碾压，一方面会让涂覆的材料更加紧密，提高能量密度，保证厚度的一致性；另一方面会进一步管控粉尘和湿度。

将经过冷压处理的极片按照需要制作的电池尺寸进行分切，充分控制毛刺的产生（这里的毛刺要在显微镜下才能看清楚），目的是避免毛刺刺穿隔膜，造成严重的安全隐患。

（3）极耳模切与分条。

极耳模切工序是用模切机形成电芯用的导电极耳。我们知道电池是分正负极的，极耳就是从电芯中将正负极引出来的金属导电体，通俗地说是电池正负两极的耳朵，是在进行充放电时的接触点。

（4）电芯的卷绕工序。

通过卷曲的方式将电瓶的正负片和隔膜组合成裸电芯。

（5）电芯烘烤与注液。

水分是电池系统的大敌，电芯烘烤过程是为了使电池内部的水分达到标准，从而保证电池在整个寿命周期内都能有良好的性能。

注液是指将电解质注入电芯中。电解液就像电芯体内流淌着的液体一样，以带电离子的方式进行能量交换。带电离子在电解液中从一个电极到达另一个电极，就完成了充放电的过程。电解液的注入量是关键，如果注入量过大，会导致电池发热甚至直接失效；如果注入量过小，电池的循环就会受到影响。

特斯拉 4680
电池与比亚
迪刀片电池
的区别

（6）电芯激活。

电芯激活是指电芯内部通过充放电的方式发生化学反应，从而形成 SEI 膜（SEI 膜是锂电池首次循环时由于电解液和负极材料在固液相间层面上发生反应，会形成一层钝化膜，就像给电芯镀了一层膜），保证后续电芯在充放电循环过程中安全可靠，具有长循环寿命。

电芯激活后需要进行灌注电解液、称重、注液口焊接、气密性检测、自放电测试、高温老化，及静置保证产品性能。

4. 电池包的生产

电池包由众多个电芯组成的电池模块（Module）组成。经过严格筛选，将一致性好的电芯按照精密设计组装成为模块化的电池模组，并加装单体电池监控与管理装置。

（1）电芯组合。

电芯组装前，需要进行表面涂胶。涂胶的作用是起到固定、绝缘和散热的目的。CATL 宁德时代采用国际上最先进高精度涂胶设备以及机械手协作，可以按照设定轨迹涂胶，同时可实时监控涂胶质量，确保涂胶品质，进一步提高每组不同电池模组的一致性。

（2）端版与侧板的焊接。

电池模块多采用铝质端板与侧板焊接，层压与端板、侧板焊接处理均通过机械设备进行。在焊接监控系统对焊接位置进行精确定位后，将线束隔离板料条形码绑定到生产调度管理系统（MES）中，从而产生可供追溯的单独编码。线束隔离板经机械手打码后自动装入模块。

（3）完成电池的串并联。

极柱和连接片之间的连接通过激光焊接完成，电池串接再实现并联。

任务实施

任务名称	动力电池的生产		
姓名：	班级：		学号：
1. 动力电池电芯的种类包含：_____、_____、_____、_____ 2. 电芯的生产工艺的过程 _____ 3. 电池包的生产过程 _____			

任务评价

班级		组号		日期	
		评价要求		分数	分数评定
职业素养	是否具备良好的职业道德和责任心			25	
	能否与他人合作并保持良好的沟通和协调能力				
	是否具有科学精神和创新意识				

续表

	评价要求	分数	分数评定
思政素养	是否具有正确的安全意识和预防意识	20	
	在动力电池生产领域中，是否了解国家政策和发展战略		
课堂参与	在课堂上是否积极参与讨论和提问	20	
	展示良好的学习态度和求知欲		
	能够积极贡献自己的观点和思考		
学习能力	在学习过程中是否具备较强的自学能力和学习方法	20	
	是否能够独立解决问题和思考		
专业拓展	电池的生产和使用对环境的影响，是否具有环保意识	15	
	动力电池在推动新能源汽车产业和社会可持续发展中的作用，自己是否具有社会责任感		
综合评价			

任务 6
动力电池的检测

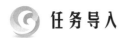

任务导入

为了缓解"电池充电焦虑情绪"，提升用户体验，快充逐渐成为众多汽车企业开展差异化营销的重要方向。而作为新能源汽车关键部件的电池包，它在大功率电池充电情况下的性能表现，将会决定快充能否实现，动力电池检测是验证产品性能的重要途径。

学习目标

知识目标：了解动力电池的检测项目

技能目标：掌握动力电池检测方法

熟练使用 BTS20A 充放电设备、EOL 智慧测试系统

能熟练检测动力电池各项性能

素质目标：培养细致认真的工作态度

培养团队沟通协作的能力

培养学生正确使用动力电池检测的新技术、新方法和新仪器

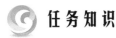 **任 务 分 析**

新能源汽车动力电池的研制和试验过程是很重要的一个过程，涉及电池材料的选择、电池的设计、制造工艺的发展、性能的检测等多个方面。在汽车行业中，电池技术的发展已经成为一个重要的趋势，对汽车性能和环境保护都有着重要的意义。

子任务 6.1 动力电池检测项目

任 务 知 识

1. 挤压测试

挤压测试的目的是在发生碰撞事故后，新能源汽车能够保障车内人员的生命安全。测试过程中，将动力电池挤压变形至30%，在1 h内不发生起火达到测试目的，该测试避免车主再次伤害。

2. 加热测试

在加热检测中，将动力电池加热至130°保持0.5 h，测试动力电池不发生任何事故。目的是当车辆周边发生着火情况时，保证动力电池的安全。

FCT 新能源
汽车快速充检桩

3. 过充测试

过充是造成动力电池起火的主要原因。当充电系统出现故障时，电池在充满状态下持续充电，引发动力电池起火。在动力电池过充的情况下，测试电池在1 h内不会发生起火或者爆炸。

4. 强制电芯热失控测试

热失控也是引发新能源汽车动力电池起火的重要原因。测试中让一个单体电芯热失控，观察整个动力电池包的安全性，如果单体电芯的热失控没有引发连锁反应，说明动力电池的安全性是可靠的。

任 务 实 施

针对 BTS20A 电芯测试系统、EOL 智慧测试系统对动力电池的性能进行测试，具体方法如下：

任务名称	动力电池检测项目		
姓名:	班级:		学号:
1. 短路测试	实现方法：利用多功能万用表，测量主正、主负对壳体（地）之间是否存在短路 □是　　　　□否		
2. 绝缘测试	通过绝缘测试仪检测动力电池包系统正极对地绝缘电阻、负极对地绝缘电阻，来判定动力电池包系统各点对壳体的绝缘（绝缘电阻）是否满足要求 □是　　　　□否		
3. 耐压测试	通过耐压测试仪检测动力电池包系统正极对地漏电流、负极对地漏电流，来判定动力电池包系统各点对壳体的耐压（漏电流）是否满足要求 □是　　　　□否		
4. 充放电循环测试	充放电测试仪根据充放电工艺对动力电池包进行循环充放电测试，记录充放电过程中时间、电压、电流等实时信息		
5. 单体电压一致性测试	EOL 系统单体电压一致性测试包括最低电压检测、最高电压检测、单体压差检测等，通过 BMS 检测上传的所有单体电压值计算出其中的最低电压、最高电压并记录，同时计算最高电压和最低电压的差值并记录		
6. 单体温度一致性测试	EOL 系统单体温度一致性测试包括最低温度检测、最高温度检测、单体温差检测等，通过 BMS 检测上传的所有单体温度值计算出其中的最低温度、最高温度并记录		

◎ 任务评价

班级		组号		日期	
评价指标	评价要求			分数	分数评定
职业素养	是否具备良好的职业道德和责任心			20	
	是否遵守工作纪律和规范操作流程				
	能否与他人合作并保持良好的沟通和协调能力				
思政素养	是否具有正确的安全意识和预防意识			30	
	是否了解动力电池检测的新技术、新方法和新仪器				
	在动力电池生产领域中，是否了解国家政策和发展战略				

续表

评价指标	评价要求	分数	分数评定
课堂参与	在课堂上是否积极参与讨论和提问	20	
	展示良好的学习态度和求知欲		
	能够积极贡献自己的观点和思考		
学习能力	在学习过程中是否具备较强的自学能力和学习方法	15	
	是否能够独立解决问题和思考		
技能操作	了解电池的生产和使用对环境的影响，是否具有环保意识	15	
	是否树立安全意识，严格遵守实验室安全规定和检测标准		
综合评价			

子任务 6.2　电芯测试系统（设备）

 任务知识

BTS20A 系列
电芯检测系统

1. BTS20A 电芯测试系统

（1）概述。

由企业开发的 BTS20A 系列产品采用先进的拓扑结构（见图 3-1），使用性能优越的电力电子半导体器件及控制器，结合先进的软件控制算法，采用模块化结构布局方案，形成可拓展多种用途的充放电测试设备，主要对单体电池及低压电池包产品进行充放电测试。

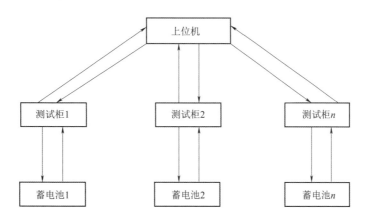

图 3-1　BTS20A 产品系统结构

（2）产品特点。

①采用能量回馈方式，在放电工况时，将能量回馈到电网，充放电工况下效率高，可

以大幅度降低能耗成本。

②采用模块化设计，方便扩容，维护简单、方便，可靠性高。

③支持多个通道并联进行控制使用。

④功率密度及效率高，系统的测量精度高。

⑤具有完善的充放电软硬件保护功能，降低电池生产事故发生率。

⑥支持 RS485、CAN、以太网等通信方式，可根据需求定制。

⑦每个通道支持一路温度检测，可供电池温度采样使用，以对电池进行过温保护。

⑧每个通道内置温度检测，通过内部过温保护增强系统的可靠性。

⑨支持断点续借与脱机测试功能。

（2）功能测试范围。

BTS20A 设备测试包含：电池标准工况模拟测试；电池实测工况模拟测试；电池循环寿命试验；电池容量试验；电池直流内阻测试；电池充放电特性试验；电池荷电保持能力试验；电池充放电效率试验；电池过充、过放承受能力试验；电池单体电压一致性特性试验。（具体内容详见湖北德普电气股份有限公司设备说明书。）

2. EOL 智慧测试系统

（1）概述。

EOL 智慧测试系统是针对目前电芯、模组及电池包在生产过程中测试自动化程度较低、记录分析能力较差的问题，开发出的一种全智能化测试平台。将电池安规检测、BMS 校验、DCR 检测、OCV 检测等多种功能，通过设备集成。测试过程可按照客户要求自由编辑，自动完成对电池包各项性能检测，生成用户个性报表上传 MES 系统，实现整个工作流程智能化、自动化，以达到减少操作人员、提高测试效率的目的。

（2）测试项目。

德普新能源 EOL 智慧测试系统可根据客户的测试需求进行定制化开发，测试功能见表 3-1。

表 3-1 德普新能源 EOL 智慧测试系统测试功能

序号	项目	测试位置
1	绝缘电阻	电芯主正主负与外壳
2		电芯主正主负与加热片
3		未焊接相邻电芯主正之间
4	耐压测试	电芯主正与外壳
5		电芯主负与外壳
6		未焊接相邻电芯主正之间
7	交流内阻	单电芯交流内阻
8		串联单元交流内阻

序号	项目	测试位置
9	电压测量	主正与主负之间总电压
10		单体电芯电压
11		模组内压差
12	接触电阻	电芯极柱
13		电芯极柱与焊片
14	等电位	上下外壳
15	容值	主正与外壳
16		主负与外壳
17	温湿度	PACK 内热敏电阻值
18		环境温湿度
19	通信端口阻抗	CANL 与 CANH 之间
20	系统功耗检测	BMS 工作电流
21	充电功能	慢充功能
22		快充功能
23	高压互锁	模拟高压互锁
24	碰撞信号检测	模拟碰撞信号
25	点火信号检测	提供 12 V 开关信号

（3）EOL 智慧测试系统原理。

EOL 智慧测试系统采用的模块化设计，各测试功能硬件独立，再通过 EOL 组态软件进行连接，保证了测试功能的扩展性和完整性，其系统原理图如图 3 – 2 所示。

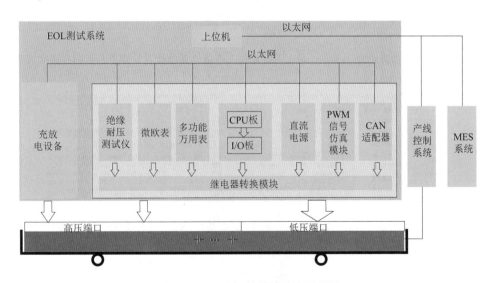

图 3 – 2　EOL 智慧测试系统原理图

任务实施

任务名称	BTS20A 电芯测试系统操作方法		
姓名：	班级：		学号：

1. 上电前检查

（1）上电前确认设备输入三相火线 L1、L2、L3 与 N 线接线正确

（2）接入的电池总电压必须在该设备电压输出范围内

（3）电池采样线及动力线正确接入，动力线分别与电池和设备输出端子接触良好

（4）电池正极接充电柜红色端子，负极接充电柜黑色端子

（5）设备与配套电脑通信线接触正常

（6）电池测试软件安装正常

2. 上电

（1）先开总空开开关，再依次开需要使用的单个通道相应空开开关

（2）观察设备指示灯，正常应为静止灯亮，若为故障灯亮，则应根据上位机的故障提示寻找原因

（3）在上位机界面看到通信正常及相关状态检测

3. 调试操作

（1）运行设备

（2）系数设置

点击下图中的"参数设置"菜单，弹出下拉菜单，点击"系数设置"菜单，页面进入"系数设置"页面

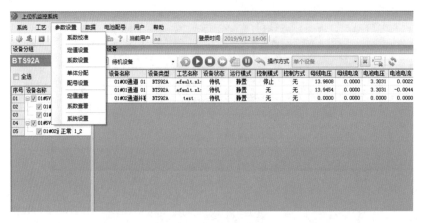

（3）定值设置

点击"参数设置"菜单，弹出下拉菜单，点击"定值设置"菜单，进入"定值设置"页面

（4）定值查看，系数查看

点击"参数设置"菜单，弹出下拉菜单，点击"定值查看或者系数查看"菜单"定值查看和系数查看"页面

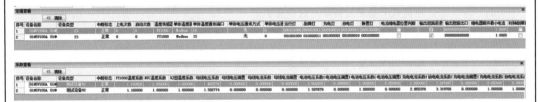

（5）工艺下写

点击下图中"工艺"菜单，点击"工艺下写"页面

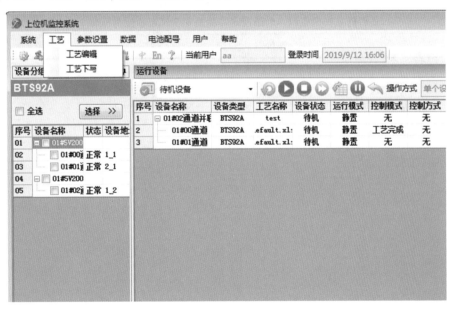

任务评价

班级		组号		日期	
评价指标	评价要求			分数	分数评定
职业素养	是否具备良好的职业道德和责任心			20	
	是否按照设备规范操作流程				
	能否与他人合作并保持良好的沟通和协调能力				
思政素养	是否具有正确的安全意识和预防意识			30	
	是否了解动力电池检测的新技术、新方法和新仪器				
	在动力电池检测领域中,是否了新技术、新方法				
课堂参与	在课堂上是否积极参与讨论和提问			20	
	展示良好的学习态度和求知欲				
	能够积极贡献自己的观点和思考				
学习能力	在学习过程中是否具备较强的自学能力和学习方法			15	
	是否能够独立解决问题和思考				
技能操作	是否掌握动力电池检测设备的使用			15	
	是否树立安全意识,严格遵守实验室安全规定和检测标准				
综合评价					

知识结构

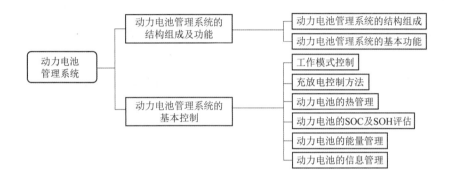

任务7

动力电池管理系统的结构组成及功能

任务导入

项目三学习了动力电池的生产和检测，了解到动力电池是整个新能源汽车上的核心部件之一，本项目开始学习对动力电池进行管理、监测和保护的一种集成系统——动力电池管理系统（Battery Management System，BMS）。

BMS因功能强大，应用十分广泛，涵盖了新能源汽车、储能设备、电动工具机、无人机等多种类型领域，可以提高设备的供电系统的利用率和寿命。

下面让我们深入学习和掌握动力电池管理系统的相关知识。

学习目标

　　知识目标： 掌握动力电池管理系统的结构组成
　　　　　　　　掌握动力电池管理系统的基本功能
　　技能目标： 能够对动力电池管理系统拆卸、安装
　　　　　　　　能够进行动力电池管理的操作和维护

素质目标：具备安全意识和责任心，了解电池系统的安全风险和防护措施，在操控动力电池管理系统时遵守相应的操作规程

具备良好的问题分析和解决能力，能够有效地诊断和解决简单的动力电池管理系统与电池系统相关的异常和故障

具备团队合作意识和沟通能力，能够与其他团队成员协同工作，共同解决动力电池管理系统与电池系统的问题

任务分析

新能源汽车的动力来自电池，一辆汽车要承载由上百个电芯组合而成的电池包。在电池包里，由于单节电芯在性质上较为不稳定，并不能绝对统一，这就会造成在实际的应用中，出现电池之间受热和散热不均，或某个单体电池过度充放电等异常现象。

动力电池管理系统就类似动力电池管理系统电池管家一样，可以对每个单体电池进行单独监控，确保一致性运行。此外，动力电池管理系统还有其他许多的功能。

子任务7.1　动力电池管理系统的结构组成

任务知识

动力电池管理系统是一种智能化管理和维护储能单元内的各个电池的集成系统。通过监控动力电池电压、电流、温度和 SOC 等运行参数和状态，处理采集的信息，控制电池的充放电过程，从而保障储能单元安全可靠地运行，提高利用率和使用寿命。

新能源汽车
BMS 到底是什么？

动力电池管理系统是电动汽车电池管理的核心，一个完整的动力电池管理系统一般包括硬件电路、传感器、信号处理器和软件算法等多个方面的内容，本任务将从这几个方面介绍动力电池管理系统的结构组成，如图 4-1 所示。

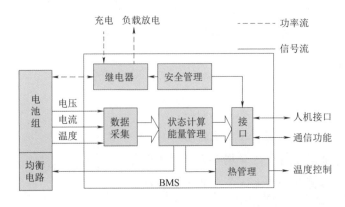

图 4-1　动力电池管理系统的结构组成

1. 硬件电路

BMS 中最基础的组成部分就是硬件电路，主要作用是测量电池各项参数、控制充放电等，主要包括以下几个方面：

（1）采集电路：负责对电池各项参数进行实时采集，例如电压、电流、温度等，通常使用电压、电流、温度传感器。

（2）控制电路：负责对电池充放电进行控制，包括电流控制、电压控制、均衡控制等，其中均衡控制包括主动均衡和被动均衡两种方式。

（3）保护电路：BMS 还需要实现对电池进行保护，例如过充保护、过放保护、短路保护、过流保护等。

2. 传感器

BMS 中需要借助各种传感器来进行电池的实时监测，主要包括以下几个方面：

（1）电压传感器：电池电压是 BMS 中最基本的参数之一，因此需要使用电压传感器来进行实时监测。

（2）电流传感器：电流传感器用于实时监测电池的充放电状态，并且在进行均衡控制时需要对电流进行精确监测。

（3）温度传感器：电池温度的变化对电池寿命和性能有着重要的影响，因此需要使用温度传感器进行实时监测，通常采用 PT100、NTC 或者热电偶等传感器。

3. 信号处理器

信号处理器是 BMS 中的重要组成部分，主要负责对传感器采集到的实时数据进行处理，将电池的状态信息进行提取、分析和判断，主要包括以下几个方面：

（1）数据采集：信号处理器需要对传感器采集到的原始数据进行采集，包括采样和滤波等操作。

（2）数据处理：信号处理器需要将采集到的实时数据进行处理，通过算法对电池状态进行评估、分析和判断。

（3）数据传输：信号处理器需要将处理后的数据传输给控制器和显示器等用户界面。

4. 软件算法

BMS 的软件算法对电池管理有着重要的影响，主要作用是对采集到的实时电池参数进行处理和分析，发出指令进行均衡调节，对电池状态进行评估和预测等，主要包括以下几个方面：

（1）均衡算法：均衡算法是 BMS 中最基本的算法之一，用于进行电池均衡控制，主要包括主动均衡和被动均衡两种方式。

（2）SOC 估算算法：SOC 估算算法常用于对电池剩余容量的预测，通过采集不同时间点的电池电流、电压等参数，并根据预设模型进行估算。

（3）故障诊断算法：故障诊断算法主要用于对电池的故障进行诊断和处理。

综上所述，BMS 的结构组成由硬件电路、传感器、信号处理器和软件算法等多个方面组成，主要作用是对电池进行全面监测、均衡管理和安全保护。

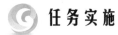 **任务实施**

请完成以下任务。

任务名称		动力电池管理系统的结构组成	
姓名：	班级：		学号：

1. 电池管理系统简称_____

2. 电池管理系统是_____

3. BMS 包括_____

4. BMS 中需要借助_____、_____、_____传感器来进行电池的实时监测

5. BMS 中信号处理器包含：_____、_____、_____

6. BMS 的软件算法包含_____、_____、_____，对电池管理有着重要的影响

7. 请概述 BMS 中硬件电路包括哪些方面，相应有哪些作用

8. 请简要概述 BMS 中软件算法的作用

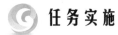 **任务评价**

班级		组号		日期	
评价指标	评价要求			分数	分数评定
职业素养	是否具备良好的职业道德和责任心			20	
	是否遵守工作纪律和规范操作流程				
	能否与他人合作并保持良好的沟通和协调能力				
思政素养	安全意识：在进行电池安装和拆卸任务前是否有安全意识，操作人员是否正确穿戴防护装备、遵守操作规程以及注意事项			20	
	严谨的工作态度和责任意识：能够按照操作规程和程序进行 BMS 的控制与操作，确保电池系统的安全和稳定				

续表

评价指标	评价要求	分数	分数评定
课堂参与	在课堂上是否积极参与讨论和提问	20	
	展示良好的学习态度和求知欲		
	能够积极贡献自己的观点和思考		
学习能力	在学习过程中是否具备较强的自学能力和学习方法	20	
	是否能够快速适应新知识和技能，并能够独立解决问题和思考		
专业能力	在实际操作中是否具备熟练的技能和操作方法	20	
	能够准确判断和分析问题，并合理运用所学知识解决实际问题		

子任务 7.2　动力电池管理系统的基本功能

任务知识

BMS 具有数据监测、能量管理、辅助控制、通信、故障分析与报警等功能。

1. 数据监测

数据采集由 BMS 的输入模块连接，对电池的各项参数进行实时监测，包括电压、电流、温度、SOC 等。通过电池状态监测，BMS 能够及时发现电池的状态变化，并及时提醒用户或引导控制器进行相应操作，如充电、放电、均衡调节等。BMS 的重要指标是采样速率、精度和前置滤波特性，采样速率一般要求大于 200 Hz（50 ms）。

2. 能量管理

由于电池的个体差异和过程管理等因素，为保证电池各单体及整体之间的电压差不超过预设值，使电池在使用中能够达到最佳性能和寿命，提高安全性，通过 BMS 可实现对电池能量进行状态估算，主要由以下两部分组成。

电池包荷电状态（State of Charge，SOC）是对动力电池剩余电量的评估计算。

电池包健康状态（State of Health，SOH）是对动力电池运行状态的健康评估和预见。

3. 辅助控制

辅助控制是指 BMS 对外部设备（整车和其他系统）的协调和控制，以及其他数据的监测，例如 BMS 的输出与外部继电器相连，驱动继电器，并对继电器进行状态监测；动力电池对环境温度特别敏感，必须要进行热管理，让动力电池保证在合理温度下运行。

4. 通信

BMS 需要具备多个通信接口，用于与车载控制器、电池厂商等交互。通过通信接口，

BMS能够实现对电池管理的协调性和一致性,同时也能向控制器和电池厂商反馈电池运行状态等信息,提高电池的使用效果和共享经验。

系统与外部之间的数据传输、状态传送等都需要通信完成,这样才能协调工作、信息交互。

5. 故障分析与报警

BMS需要具备自我诊断和保养功能,通过对自身状态的监测,实现对BMS本身的识别、预测和保障,以确保电池的使用寿命和性能。当监控的数值超过设定阈值或者异常状态与故障码(DTC)匹配,报警指示灯亮,并且显示屏会展示故障信息,提醒驾驶人员。

BMS如同管家一般,对动力电池系统进行充放电等综合管理,在新能源汽车研发过程中有着至关重要的地位。

任务实施

德国严谨细致的
工作态度

动力电池管理系统是电动汽车电池管理的核心,包括硬件电路、传感器、信号处理器和软件算法等多个方面的内容。在电动汽车维护维修过程中,涉及对电池的拆卸和安装,因此将从此方面介绍动力电池管理系统的拆卸和安装注意事项。

任务名称	动力电池管理系统的基本功能	
姓名:	班级:	学号:
动力电池管理系统的拆卸		
准备工作 (1)防护装备:安全防护装备 (2)车辆、台架、总成 (3)专用工具、设备 (4)手工工具:无绝缘拆装组合工具	□已完成 □未完成	
安全操作 在进行动力电池管理系统的拆卸时,需要进行必要的安全措施,如断开电源、排放电池的余电、佩戴防静电装备等	□已完成 □未完成	
操作规范 拆卸电池包时需按照操作规范进行,严禁使用铜制工具,因为铜制工具可能引起电池短路,会对人造成严重的伤害,同时也会损坏电池本身	□已完成 □未完成	
标记记录 拆卸每个部件时,需要进行标记记录,以便后续安装时按照对应的部件进行组装,保证组装的正确性	□已完成 □未完成	

续表

动力电池管理系统的拆卸	
组件拆卸 在动力电池管理系统拆卸过程中，需要从低层次到高层次进行组件拆卸，逐层而行，保证拆卸的完整性和正确性	□已完成　□未完成
贮存位置 在拆卸过程中，需要将各个组件以及电池包均匀地放置在干燥、通风、避光、防潮的位置，避免电池损坏或者失效	□已完成　□未完成
动力电池管理系统的安装	
安全措施 在进行动力电池管理系统的安装时，需要进行必要的安全措施，如断开电源、排放电池的余电、佩戴防静电装备等	□已完成　□未完成
组件对应 在进行电池包的安装时，需要进行组件的对应，保证组装的正确性。对于已经清洗干净的电池包，需要按照相应标记和记录安装各个部件	□已完成　□未完成
安装顺序 在安装电池包时，需要从高层位到低层位逐步进行组装，保证组装的完整性和正确性。在安装电池包的过程中，需要对各个部件进行梳理、检查和润滑等，保证电池包的性能	□已完成　□未完成
铜制螺丝 安装过程中，应该避免使用铜制螺丝，因为铜制螺丝容易造成腐蚀加速，建议用不锈钢螺丝代替	□已完成　□未完成
功能测试 在电池包安装完毕后，需要进行功能测试，验证电池包的正确性和正常性，确保电池包的使用寿命和可靠性	□已完成　□未完成

综上所述，动力电池管理系统的拆卸和安装需要进行必要的安全措施，并遵循正确的操作规范和步骤。在拆卸和安装的过程中，需要进行标记记录、组件拆卸、组件对应、安装顺序、功能测试等多方面的注意事项，以保证电池包的性能和使用寿命。

任务评价

班级		组号		日期	
评价指标	评价要求			分数	分数评定
职业素养	是否具备良好的职业道德和责任心			20	
	是否遵守工作纪律和规范操作流程				
	能否与他人合作并保持良好的沟通和协调能力				
思政素养	安全意识：在进行电池安装和拆卸任务前是否有安全意识，操作人员是否正确穿戴防护装备、遵守操作规程以及注意事项			30	
	科学态度：动力电池的安装和拆卸需要进行科学实验和实际操作。是否注重实证和实践，理性对待问题，推动科学知识与实践的结合				
	创新与发展思维：动力电池是新能源汽车的关键部件，其安装和拆卸涉及不断创新的技术和工艺，在训练过程中能否有探索精神，提出新思路				
课堂参与	在课堂上是否积极参与讨论和提问			10	
	展示良好的学习态度和求知欲				
	能够积极贡献自己的观点和思考				
学习能力	在学习过程中是否具备较强的自学能力和学习方法			20	
	是否能够快速适应新知识和技能，并能够独立解决问题和思考				
技能操作	在实际操作中是否具备熟练的技能和操作方法			20	
	能够准确判断和分析问题，并合理运用所学知识解决实际问题				

任务 8
动力电池管理系统的基本控制

任务导入

随着新能源汽车技术的不断发展和普及，BMS已成为新能源汽车技术的重要组成部分。学习BMS基本控制方法可以让人更全面、深入地了解新能源汽车技术的本质和特点，掌握新能源汽车技术的核心技术和应用范畴。通过学习本任务，能够了解BMS的基本控制原理和操作流程，并掌握BMS在电池安全、性能和寿命优化方面的应用技术和方法，为电池储能系统的高效运行和应用提供支持。

 **学习目标**

知识目标： 掌握动力电池管理系统的基本控制概念

掌握动力电池管理系统的几种常见控制类型

技能目标： 通过实际的实验或案例分析，了解BMS的基本控制过程，并具备调试和优化BMS的能力

能够进行BMS控制的基本操作和维护

素质目标： 具备严谨的工作态度和责任意识，能够按照操作规程和程序进行动力电池管理系统的控制与操作，确保电池系统的安全和稳定

具备良好的数据分析和问题解决能力，能够准确判断电池系统的工作状态和故障状况，并采取相应的控制措施

具备创新意识和学习能力，能够不断跟踪电池管理领域的最新技术和研究动态，不断改进和优化动力电池管理系统的控制策略

任务分析

实现电池的安全性、可靠性和性能优化，需要掌握电池的安全管理、状态监测、均衡控制、充放电控制和故障诊断等关键技术。

1. 确保电池的安全性能：BMS通过对电池进行监控、控制和保护，保证电池的安全性能；更好地理解电池管理的原理和方法，从而更好地保障电池的安全性。

2. 提升电池的使用效率：BMS能通过对电池进行精细的管理，优化电池管理方法，提高电池的使用效率和寿命。

子任务8.1　工作模式控制

任务知识

BMS工作模式有下电模式、准备模式、放电模式、充电模式和故障模式。

1. 下电模式

当BMS处于下电模式时，整个系统的高、低压都处于断开的状态模式，所有继电器不工作，这种模式也叫省电模式。

2. 准备模式

当BMS处于准备模式时，系统中全部继电器线圈都未吸合，可以接收外部开关、整

车和电机控制器等部件的硬线信号，以及 CAN 控制驱动高压继电器的低压信号。让 BMS 工作模式在进入上电模式前，处于准备模式。

3. 上电模式

启动点火开关后，BMS 先闭合主负继电器（B－接触器），因为电机是感性负载，启动电流会非常大，为防止大电容被烧，负极接触器在闭合后，立即闭合与正极继电器并联的预充继电器，BMS 进入预充电模式。当电容量两端电压达到母线电压 90% 时，主正继电器（B＋继电器）闭合，预充电继电器断开，BMS 进入放电模式。

4. 充电模式

充电唤醒信号（Charge Wake Up）是充电模式的触发条件。当 BMS 转换检测到充电唤醒信号后，系统进入充电模式。在充电模式下，BMS 不响应点火开关的信号，主负继电器（B－接触器）与车载充电器内的转换器同时闭合，DC/DC 转换器正常工作。

新能源汽车最佳
充电方法

5. 故障模式

由于汽车是消耗品，在使用过程中，无法避免出现异常情况，这时候故障模式会对故障点进行分析和判定等级。若故障级别较低，未达到伤害驾驶者的人身安全，汽车能正常行驶，但故障报警灯和提示音会告知驾驶者；若故障级别较高，危害到驾驶者的人身安全，系统会断开一切继电器，汽车制动，同时有报警信号。故障模式一切以"安全第一"为重要原则。

 任务实施

任务名称	动力电池管理系统工作模式分析	
姓名：	班级：	学号：

1. 一共有哪几种工作模式

2. 分析不同工作模式的特点和要求，包括电流、电压、温度限制等参数

3. 下电模式是整个系统的低压与高压处于什么状态？研究并优化动力电池的工作模式控制策略，以提高电池的性能和延长电池的寿命

4. 讨论：对于磷酸铁锂电池，由于其低温下不具备很好的充电特性，甚至还伴随一定的危险性，因此基于安全考虑，还应在系统进入充电模式之前对系统进行什么操作

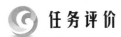 **任务评价**

班级		组号		日期	
评价指标	评价要求			分数	分数评定
职业素养	是否具备良好的职业道德和责任心			20	
	是否遵守工作纪律和规范操作流程				
	能否与他人合作并保持良好的沟通和协调能力				
思政素养	能源安全与环保意识:"充电模式"的运行不仅关系到能源的节约和利用效率,对环境的影响也不可忽视。学生是否树立了正确的能源观,可持续发展意识			30	
	质量意识:充电状态性能发挥是否良好,与电压和温度的反馈有极大的关联,是否有系统性认知和质量意识				
课堂参与	在课堂上是否积极参与讨论和提问			10	
	展示良好的学习态度和求知欲				
	能够积极贡献自己的观点和思考				
学习能力	在学习过程中是否具备较强的自学能力和学习方法			20	
	是否能够快速适应新知识和技能,并能够独立解决问题和思考				
专业能力	在实际操作中是否具备熟练的技能和操作方法			20	
	能够准确判断和分析问题,并合理运用所学知识解决实际问题				

子任务8.2 充放电控制方法

任务知识

动力电池充放
电关键所在

1. 充放电控制在电池应用中重要性和作用

提高电池寿命:充放电控制可以根据电池的性能特点和使用环境,合理地控制充电和放电速率,避免过度充放电,从而减少电池的损耗和衰老,延长电池的使用寿命。

保护电池安全:在电池充放电过程中,如果电流和电压超过电池的承受范围,很容易导致电池过热、短路、爆炸等安全问题。充放电控制可以监测电池的温度、电流、电压等关键参数,并根据这些信息做出相应的控制,确保电池在安全范围内工作。

提高能量利用率：电池的充放电过程中会有能量损耗，通过控制电池的充放电方式，可以最大限度地减少能量损失，提高电池的能量转换效率，从而提高整个系统的能量利用率。

实现电池管理系统：电池包中通常需要对多个电池进行管理。充放电控制可以实现单电池间的均衡充放电，保证每个电池的性能一致，并避免电池包的过度充放电，从而提高整个电池系统的效能和稳定性。

总之，充放电控制在电池应用中是至关重要的，它可以有效地提高电池的寿命，保护电池的安全，提高能量利用率，还可以实现对电池系统的管理和维护。

2. 常用的充放电控制方法

动力电池的充放电控制方法是电动汽车电池管理的重要环节，主要涉及电池充电速率、电池存储状态、电池放电深度和放电速率等多个方面。下面将介绍几种常用的充放电控制方法。

（1）充电主法。

1）C/5 充电法。

C/5 充电法是一种较为常用的动力电池充电方法，即以电池容量的 5% 作为电流进行充电，例如当电池容量为 100 A·h 时，充电电流应设置为 20 A。本充电法充电速度较慢，可以最大限度地保护电池，延长电池寿命，但充电时间较长。

2）C/1 充电法。

C/1 充电法是一种较快的充电方式，即以电池容量的 100% 作为电流进行充电，例如，当电池容量为 100 A·h 时，充电电流应为 100 A。本充电法充电速度较快，但可能会损伤电池，降低电池寿命，因此在电池容量高于 50% 时通常不使用。

3）恒流恒压充电法。

恒流恒压充电法是一种动力电池快速充电方式，分为两个阶段：首先以恒定电流（Constant Current，CC）的方式充电，直到电池电压达到设定值；然后以恒定电压（Constant Voltage，CV）的方式充电，直到电池容量达到设定值。本充电法可以快速充电，充电效果好，但对电池的损伤也较为严重，因此需要在必要情况下使用。

（2）放电方法。

1）恒流放电法。

恒流放电法是一种常用的动力电池放电方式，即以恒定电流放电，直到电池电量达到设定值。本放电法可以确定电池容量和放电时间，但是过度放电会影响电池寿命。

2）脉冲宽度调制放电法。

脉冲宽度调制放电法（Pulse Width Modulation，PWM）是基于脉冲宽度调制技术的放电方法，可以控制电池放电电流和放电深度。本放电法可以根据需要调节电池放电电流大小，实现精确的电池放电控制。

任务实施

任务名称		动力电池充放电控制方法	
姓名：	班级：		学号：

1. 介绍动力电池充放电控制在电池应用中的重要性和作用

2. 有哪几种充放电控制方法

3. 探索适应不同应用场景的充放电控制方案，如电动汽车、储能系统等
（电动汽车的充放电控制方案需要考虑安全性、续航能力和充电速度等因素；储能系统的充放电控制需要考虑供电稳定性、能量储存效率和电网交互等因素。）

任务评价

班级		组号		日期	
评价指标	评价要求			分数	分数评定
职业素养	是否具备良好的职业道德和责任心			20	
	是否遵守工作纪律和规范操作流程				
	能否与他人合作并保持良好的沟通和协调能力				
思政素养	创新精神：充放电控制技术不断发展，是否在控制策略上大胆的创新和改进			20	
	工程伦理：动力电池充放电过程存在潜在风险，能否意识到身为工程师的社会责任感，将个人道德责任与工程职业的责任相结合				
课堂参与	在课堂上是否积极参与讨论和提问			20	
	展示良好的学习态度和求知欲				
	能够积极贡献自己的观点和思考				

续表

评价指标	评价要求	分数	分数评定
学习能力	在学习过程中是否具备较强的自学能力和学习方法	20	
	是否能够快速适应新知识和技能，并能够独立解决问题和思考		
专业能力	在实际操作中是否具备熟练的技能和操作方法	20	
	能够准确判断和分析问题，并合理运用所学知识解决实际问题		

子任务8.3　动力电池的热管理

 任务知识

秒懂动力
电池热管理

温度是影响动力电池的性能的重要参数之一。在 BMS 中，温度检测是重要检测参数，为了保证动力电池工作温度适宜，对动力电池进行热管理是必要的。由于动力电池属于耗能型设备，在进行充放电过程中，有一部分能量会转换成热能，影响整个 BMS 的环境温度，外部的环境过冷或过热也会影响动力电池的使用性能，缩短电池的生命周期，甚至会产生安全隐患，如导致电动汽车自燃等事故。

1. 热管理系统的功能

在电动汽车、混合动力汽车和储能系统等电池应用中，动力电池热管理系统具有以下重要功能。

温度控制：电池的工作温度对性能和寿命有重要的影响。热管理系统可以监测电池的温度，并采取相应的措施来控制温度，例如通过散热器、风扇或液冷系统来降低电池温度，或通过加热装置来提高电池温度，以维持电池在合适的温度范围内运行。

热均衡控制：在多个电池单体组成的电池包中，由于单体的差异，容易导致电池包内部温度不均衡，进而影响电池性能和寿命。热管理系统可以对电池包内部的温度进行监测，并通过冷却或加热等手段来实现热均衡，使各个电池单体的温度保持一致。

安全保护：电池过热会引发安全隐患，甚至可能导致电池燃烧或爆炸。热管理系统可以通过温度监测功能及时发现电池过热情况，并采取相应的措施来降低温度，如散热、换热等方式，有效保护电池的安全。

提高充电效率：温度过高或过低都会降低电池的充电效率，影响能量转换效率。热管理系统可以通过控制电池温度，保持在适宜的范围内，提高充电效率，减少能量损失。

延长电池寿命：温度是电池寿命的重要因素之一。过高的温度会加速电池的衰老和损耗，降低电池寿命。热管理系统可以通过控制电池的温度，减少热量的累积，延长电池的寿命。

总之，动力电池热管理系统可以通过温度控制、热均衡控制、安全保护、提高充电效率以及延长电池寿命等功能，确保电池在合适的温度范围内运行，提高性能、可靠性和寿命。

2. 热管理系统的方式

电池内部、电池外部与环境两者的热量交换有以下三种形式：热传导、热辐射、空气对流。

热传导（Thermal Conduction）：通过热传导材料来提高电池热量的传导和散热效率，例如在电池模组和散热器之间放置导热垫或导热胶，以便更有效地传导和散热。

热辐射（Thermal Radiation）：利用电池表面辐射出的热量来进行散热。热辐射主要通过表面涂覆具有高辐射率的热辐射涂料或使用散热片来增加热辐射表面积，从而提高热量的辐射散热效果。

空气对流（Air Convection）：通过空气的对流来进行散热，使用冷却风扇或通风口来实现。冷却风扇将空气引入电池空间，并通过对流的方式将热量带出。通风口则通过空气流动的方式进行热量的传递和散发。

这些热管理方式通常会结合使用，以获得最佳的热管理效果。根据不同应用的要求和电池系统的设计，可以灵活选择和组合这些方式来实现热管理。此外，可以结合温度传感器和控制算法来实现智能化的热管理，根据实时的温度监测数据，动态调整热管理系统的工作策略，以最大限度地提高散热效果和保护电池的安全与寿命。

3. 热管理冷却系统应用及分类

由于电池在工作过程中会产生一定的热量，过高的温度对电池的性能和寿命会产生负面影响，甚至可能引发热失控，引起安全事故。因此，为了保持电池的工作温度处于一个合理的范围内，采用冷却系统进行电池的热管理至关重要。

动力电池热管理"冷却"系统

动力电池冷却系统通常由冷却液循环系统、冷却装置、控制系统等组成。冷却液循环系统通过输送冷却液来吸收电池产生的热量，将热量带走，起到降温的作用。冷却装置可以是传统的散热器或者更高效的热交换器，通过增大表面积进行散热。控制系统则负责监测电池的温度，并根据需要调节冷却液的流动速度或者其他参数，以确保电池工作在一个合适的温度范围内。

动力电池冷却系统的分类如下。

（1）风冷式：通过空气对电池包进行冷却，属于被动散热方式，简单易行。

（2）水冷式：将电池包与水循环进行接触，吸收电池包中的热量并排出，成本较高。

（3）相变式：利用相变材料吸收和释放热量来控制温度，适用于小型电池包。

目前常用的是气态冷却管理，如图4-2所示，在这种模式下，又分为串行通风方式和并行通风方式，如图4-3所示。

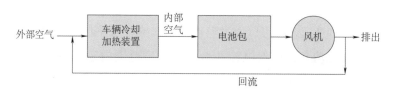

图 4 – 2　气态冷却管理

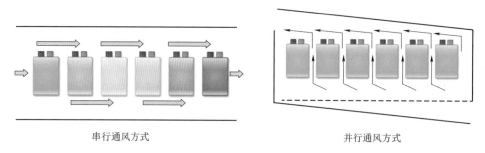

图 4 – 3　串行通风方式和并行通风方式

任务实施

任务名称	动力电池的热管理	
姓名：	班级：	学号：

1. 为什么要进行动力电池热管理

2. 热管理有哪些功能

3. 热管理方式有哪些

4. 请阐述热管理冷却系统分类

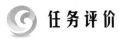 **任 务 评 价**

班级		组号		日期	
评价指标	评价要求			分数	分数评定
职业素养	是否具备良好的职业道德和责任心			20	
	是否遵守工作纪律和规范操作流程				
	能否与他人合作并保持良好的沟通和协调能力				
思政素养	追求卓越精神：是否关注当下最新的热管理技术，积极主动地研究如何优化热管理系统			20	
	严谨务实的工匠精神：热管理方法多样，是否进行充分的热分析和实验验证，确保热管理方案的可行性和有效性				
课堂参与	在课堂上是否积极参与讨论和提问			20	
	展示良好的学习态度和求知欲				
	能够积极贡献自己的观点和思考				
学习能力	在学习过程中是否具备较强的自学能力和学习方法			20	
	是否能够快速适应新知识和技能，并能够独立解决问题和思考				
专业能力	在实际操作中是否具备熟练的技能和操作方法			20	
	能够准确判断和分析问题，并合理运用所学知识解决实际问题				

子任务 8.4　动力电池的 SOC 及 SOH 评估

任 务 知 识

动力电池充电状态（State of Charge，SOC）和健康状态（State of Health，SOH）是电动车电池管理中的两个重要参数。

SOC 是指电池当前存储的电量与满充电量之间的比例。SOC 常用百分比表示，例如当电池通过测试测得 SOC 值为 70% ，表示电池当前存储的电量是满充电量的 70% 。

SOH 是指电池的实际性能与理论性能之间的比例，反映电池的老化程度和衰减程度。健康状态值为 0~1，例如当电池测得的 SOH 值为 0.8 时，表示电池的实际性能为理论性能的 80% 。

动力电池的 SOC 和 SOH 是衡量电池状态和性能的两个指标，评估 SOC 和 SOH 有助于确定电池的使用寿命和性能表现，从而指导电池的管理和维护。下面将分别介绍动力电池

SOC 和 SOH 的评估方法。

1. SOC 评估方法

（1）电压法。

电压法是 SOC 评估的基本方法，通过测量电池终端电压和电流来确定电池的 SOC。一般来说，同种类型的电池，其电压和 SOC 之间存在固定的关系，因此可以通过拟合电压SOC 曲线，来实现对电池 SOC 的估算。但本法存在较大的误差，且受到电池状态和环境温度等因素的影响。

（2）卡尔曼滤波法。

卡尔曼滤波法是一种常用的 SOC 估算方法，通过对电池模型进行数学建模，来对电池状态和 SOC 进行估算。本法可以减小因环境和电池参数的变化而引起的估算误差，并且对于低 SOC 的电池效果较好，但需要比较复杂的算法和计算过程。

（3）全能 SOC 估算法。

全能 SOC 估算法可以综合考虑电池电压、电流、温度等因素，通过神经网络或模糊逻辑等方法，进行 SOC 的估算。本法精度较高，能够克服其他方法存在的问题，但需要对电池进行较为详尽的建模和数据采集。

2. SOH 评估方法。

（1）容量衰减法。

容量衰减法是评估电池 SOH 的常用方法，通过反复充放电测试，测定电池的实际容量和理论容量之间的差别，计算电池的容量衰减率，从而判断电池的健康程度。本法简单易行，但需要大量的充放电测试数据和精确的测试设备。

（2）噪声分析法。

噪声分析法利用电池内部的噪声信号，评估电池的健康状况。本法基于电池内部的噪声信号会随着电池状态的变化而变化的原理，通过噪声分析算法对信号进行处理，判断电池的健康程度。本法简单易行，但需要对电池内部的噪声信号进行采集和处理。

（3）综合评估法。

综合评估法结合容量衰减和噪声分析等多种评估方法，进行全方位的电池健康状况诊断。通过对电池的容量、内部电阻、SOC 等参数的综合分析，评估电池的健康状况，从而指导电池的管理和维护。

综上所述，动力电池 SOC 和 SOH 的评估是动力电池管理的重要环节，需要根据电池的实际情况和需求，选取相应的估算和评估方法，以提高电池的使用效率和安全性。只有对动力电池的 SOC 和 SOH 进行有效的评估和管理，才能更好地保障电动汽车的使用和维护。

如何读取
SOC 和 SOH 值?

作为一名动力电池检修人员或技术工程师，必须学会对动力电池系统进行数据检测，下面以检测动力电池的 *SOC* 和 *SOH* 值为例，通过德普电气公司研发的动力电池检测系统，直接读取到当前 *SOC* 和 *SOH* 值，判断动力电池当前的性能。请同学们查阅二维码进行学习。

 任务实施

任务名称		动力电池的 SOC 及 SOH 评估	
姓名：	班级：		学号：
1. 动力电池的 SOC 及 SOH 评估分别指的什么			
2. 动力电池的 SOC 及 SOH 评估作用			
3. 动力电池 SOC 和 SOH 的评估方法			

 任务评价

班级				组号		日期	
评价指标		评价要求				分数	分数评定
职业素养		是否具备良好的职业道德和责任心				20	
		是否遵守工作纪律和规范操作流程					
		能否与他人合作并保持良好的沟通和协调能力					
思政素养		攻坚克难：提高 SOC 和 SOH 的准确性和预测性能仍是当下技术热点。是否对改进 SOC 和 SOH 管理系统有自己的见解				20	
		责任担当：作为工程师是否知道 SOC 和 SOH 管理对整车的意义，以及对环境的影响。维护社会公共利益，确保工程与社会的良性互动					

续表

评价指标	评价要求	分数	分数评定
课堂参与	在课堂上是否积极参与讨论和提问	20	
	展示良好的学习态度和求知欲		
	能够积极贡献自己的观点和思考		
学习能力	在学习过程中是否具备较强的自学能力和学习方法	20	
	是否能够快速适应新知识和技能，并能够独立解决问题和思考		
技能操作	在实际操作中是否具备熟练的技能和操作方法	20	
	能够准确判断和分析问题，并合理运用所学知识解决实际问题		

子任务 8.5 动力电池的能量管理

 任 务 知 识

动力电池的能量管理是指对电池充放电过程中能量的控制和优化管理，目的是最大化利用电池的能量和效能，延长电池的寿命，同时确保电池的安全。

动力电池是电动汽车的重要组成部分，能量管理对于电动汽车的使用和维护至关重要。动力电池的能量管理主要包括以下几个方面。

1. 充电管理

充电管理是动力电池的最基本管理，充电时需要根据电池的特性和具体情况进行管理。充电主要包括快充和慢充两种方式，快充一般在电池容量低于50%时使用，充电速度快但会影响电池寿命；慢充则是在电池容量高于50%时使用，充电速度慢但不会损坏电池。充电时需要根据电池的状态和环境设置充电电压和电流大小，以保证充电的安全和高效。

2. 放电管理

放电管理是电动汽车使用中的重要环节，根据实际需要设置放电电流和时间。一般来说，动力电池的放电深度不应超过70%，过度放电会影响电池的寿命。同时，为了保证电池的安全和稳定性，需要对电池的放电过程进行监控和管理。

3. 功率管理

在电源和负载之间，需要合理分配电池的能量和功率，以满足负载需求，并考虑电池的能量存储和功率输出能力。功率管理可以根据负载情况和电池状态进行动态调整，以实现最佳的能量转换和系统效能。

4. 温度管理

电池的工作温度对性能和寿命有重要影响。温度管理可以通过控制充放电参数和引入散热设备来维持电池在合适的温度范围内工作，避免过热或过低的温度对电池性能的影响。

5. 状态监测和故障诊断

能量管理系统需要监测和评估电池的状态和健康状况，包括电池容量、寿命、内阻、SOC 和 SOH 等参数。通过状态监测和故障诊断，能够及时发现电池的异常情况，并采取相应的措施，如故障隔离、维护或更换，以保证电池的安全和可靠性。

总之，动力电池的能量管理通过充放电管理、功率管理、温度管理、状态监测与故障诊断等手段，实现对电池能量的有效管理和优化，从而提高电池系统的性能、寿命和可靠性。

 任务实施

任务名称	动力电池的能量管理	
姓名：	班级：	学号：
1. 请简要概述动力电池的能量管理内容和作用		
2. 动力电池的能量管理主要包括哪几个方面		

◎ 任务评价

班级		组号		日期	
评价指标	评价要求			分数	分数评定
职业素养	是否具备良好的职业道德和责任心			20	
	是否遵守工作纪律和规范操作流程				
	能否与他人合作并保持良好的沟通和协调能力				
思政素养	安全意识：对电池能量的有效管理和优化过程中，是否考虑到动力电池的安全性			20	
课堂参与	在课堂上是否积极参与讨论和提问			20	
	展示良好的学习态度和求知欲				
	能够积极贡献自己的观点和思考				
学习能力	在学习过程中是否具备较强的自学能力和学习方法			20	
	是否能够快速适应新知识和技能，并能够独立解决问题和思考				
专业能力	在实际操作中是否具备熟练的技能和操作方法			20	
	能够准确判断和分析问题，并合理运用所学知识解决实际问题				

子任务 8.6　动力电池的信息管理

◎ 任务知识

动力电池的信息管理是指对电池系统中的相关信息进行采集、处理、传输和分析，以实现对电池系统的监测、评估和优化。信息管理的目标是提高电池系统的性能、可靠性和安全性，延长电池的寿命，并为电池应用提供更准确的数据和决策支持。

动力电池是电动汽车的关键组件，因此动力电池的信息管理对于电动汽车的使用和维护非常重要。动力电池的信息管理主要包括以下几个方面。

1. 电池参数监测

通过传感器和监测设备对电池的关键参数进行实时监测，如电流、电压、温度、SOC、SOH 等。电池参数监测可提供电池的工作状态、健康状况以及环境影响的实时反馈。

2. 数据采集与存储

将电池监测数据进行采集、记录和存储，以便后续的分析和处理，可以通过数据采集设备和数据库等技术手段来实现，确保数据的可靠获取和存储。

3. 数据传输与通信

将采集的电池监测数据传输到信息管理系统，以便实现远程监测和管理，可以通过有线或无线通信技术，如 CAN 总线、网络通信、物联网等，实现数据的实时传输和共享。

4. 数据分析与决策支持

利用采集的电池数据进行分析、建模和预测，以获取对电池性能、健康状态和剩余寿命的评估。通过数据分析和建模，提供对电池系统的优化策略和决策支持，如充放电策略、热管理、容量补偿等。

5. 故障诊断与维护

基于电池监测数据，进行电池系统的故障诊断和维护，可以通过异常检测和故障诊断算法，实时发现电池系统的异常情况，并采取相应的维护措施，如故障隔离、维修或更换。

6. 安全性与保护

信息管理包括电池系统的安全性和保护策略。通过监测电池参数和环境条件，实现对电池的安全控制和保护，如防过充、防过放、过温保护等。

动力电池的信息管理可以提供实时的电池状态和运行数据，支持对电池系统的分析和优化，并能够及时发现和解决潜在的问题，提高电池的性能、可靠性和使用寿命。

 任务实施

任务名称	动力电池的信息管理		
姓名：	班级：		学号：
1. 概述动力电池的信息管理			
2. 动力电池的信息管理包含哪几个方面			

任务评价

班级		组号		日期	
评价指标	评价要求			分数	分数评定
职业素养	是否具备良好的职业道德和责任心			20	
	是否遵守工作纪律和规范操作流程				
	能否与他人合作并保持良好的沟通和协调能力				
思政素养	是否具备正确的政治立场和思想意识			20	
	是否积极关注社会热点问题				
课堂参与	在课堂上是否积极参与讨论和提问			20	
	展示良好的学习态度和求知欲				
	能够积极贡献自己的观点和思考				
学习能力	在学习过程中是否具备较强的自学能力和学习方法			20	
	是否能够快速适应新知识和技能，并能够独立解决问题和思考				
专业能力	在实际操作中是否具备熟练的技能和操作方法			20	
	能够准确判断和分析问题，并合理运用所学知识解决实际问题				

项目5　动力电池的故障检测与排除

知识结构

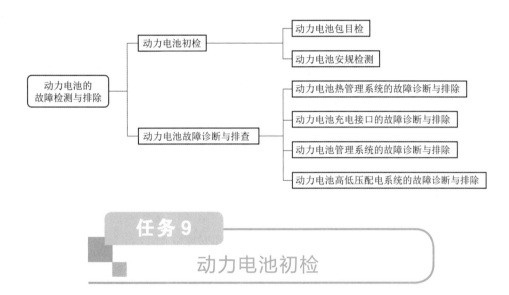

任务9 动力电池初检

任务导入

动力电池是电动汽车和混合动力汽车的核心动力来源，因此，动力电池的检查和维护非常重要。动力电池初检任务是对电动汽车或混合动力汽车的动力电池进行初步检查，以确定系统的健康状况。初检任务主要包括对电池包、电池管理系统、高压电气系统和控制器等进行检查，以排除故障和保证安全。初检任务需要熟练掌握相关技能和知识，如电池结构、工作原理、检查工具和步骤、故障排查方法和维护保养方法等，以保证初检任务的准确性和有效性。初检任务应由专业的技术人员执行，确保电动汽车或混合动力汽车的安全和性能。

学习目标

知识目标：掌握动力电池的工作原理和结构组成

技能目标：掌握动力电池包目检的内容和步骤，会使用目检工具和设备

掌握安规检测的内容和方法

会使用检测设备进行安规检查

素质目标：培养严谨细致的工匠精神，确保实验的准确性和可靠性

提高问题解决和分析能力，解决初检过程中的问题

培养团队合作和沟通协作的能力

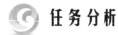 任务分析

1. 动力电池的组成

电池单体：动力电池由多个电池单体组成，它们通常以串联或并联的方式构成电池包。

BMS：动力电池管理系统是控制、监测和保护动力电池系统的关键模块，负责电池状态的监测和控制。

2. 动力电池的类型

锂离子电池：目前电动汽车和混合动力汽车中最常用的动力电池类型。

镍氢电池：较少使用，常见于早期的混合动力汽车。

铅酸电池：适用于低速和低能量密度的车辆。

3. 初步检查意义及内容

动力电池初检主要包括两个方面的内容：目检和安规检查。

（1）目检（Visual Inspection）。

目检是通过直接观察电池系统的外观和连接状态，检查是否存在明显的物理损坏、松动或异常情况。目检是初步评估电池包状态的关键步骤，有助于发现电池包的物理损伤和潜在问题。目检的及时性和准确性可以避免潜在的安全风险，并为后续的维修工作提供指导。目检包括以下内容：

检查电池包外观：观察电池包外壳是否有变形、裂纹或渗漏，是否存在明显的物理损伤。

检查连接线路：检查电池包与车辆其他电气子系统的连接线路，观察连接是否完好、松动或氧化。

检查附件：检查如冷却系统、温度传感器、电池盒等附件，确保附件正常连接和运行。

（2）安规检查（Safety Regulation Inspection）。

安规检查是为了确保动力电池安全性能符合相关的标准和规范，以防止潜在的危险情况，是保障电池安全性的必要环节。符合相应的安全规定和标准能够提高动力电池的使用可靠性，降低事故发生的风险。安规检查应包括以下内容：

检查电池绝缘状态：观察电池包与车辆机壳之间的绝缘状态，确保电池正负极与机壳没有直接接触。

检测电池包电压：使用合适的测量工具检测电池包的电压，确保电压在安全范围内。

检测 BMS 状态：通过车辆仪表盘或专用的诊断工具，获取 BMS 提供的电池状态信息，如电压、温度、电流等，确保 BMS 正常工作。

在目检和安规检查过程中，需要遵守相关的安全操作规程，确保检查的安全性。如果发现任何明显的物理损坏、连接问题或不符合安全规定的情况，应及时采取适当的措施进行修复或更换。

综上所述，动力电池初检包括目检和安规检查两个方面的内容。目检通过观察电池系统的外观和连接状态，检查是否存在物理损坏或异常情况。安规检查则着重于确保动力电池符合安全规定和标准，以保障动力汽车使用的安全性。综合目检和安规检查，可以初步评估电池系统的状态和安全性能，为后续的维修和保养工作提供基础。

子任务 9.1　动力电池包目检

 任 务 知 识

动力电池包目检是对电池包进行目视检查和初步评估的过程。通过目检可以检查电池包的外部状态，以确定是否存在可见的物理损伤和异常。目检过程需要专业的技术人员执行，他们需要熟悉各种电池包的外观和结构，可以快速识别潜在的问题。

1. 检查目的

保证电池包的外观完好，确认电池包符合特定的标准和要求。

2. 检查重要性

（1）评估质量和可靠性：通过目视检查电池包的外观，可以发现表面缺陷、损伤或其他问题，提前发现潜在的质量问题，并排除有问题的电池包，以确保电池包的质量和可靠性。

（2）安全性评估：目检可以发现外观不良的情况，如凸包、裂纹、变形等，这些问题可能导致电池包在使用过程中发生故障或安全事故，预防这些潜在风险，确保电池的安全性。

3. 检查内容

（1）外观缺陷：如凸起、凹陷、裂纹、划痕等。

（2）变形或变色：电池外壳形状是否完好，是否存在变形或变色。

（3）渗漏：是否有电解液渗漏的迹象。

（4）标签和印刷：产品标签印刷是否清晰、完整可读。

（5）绝缘阻燃材料：是否存在磨损或局部脱落。

（6）接口连接：电池包连接的接口是否牢固，有无松动或脱落。

4. 检查方法

（1）目视检查：对电池包进行外观检查，观察是否存在上述检查内容的问题。

（2）化学荧光检查：使用化学荧光材料检查，以发现隐形的裂纹或缺陷。

任务实施

动力电池外部
检查与维护

在实施初检之前，需要深入了解国家标准，并根据所涉及的电池类型和车辆用途选择相应的标准进行初检。此外，初检过程中还要注意经验积累和实际操作情况，根据实际情况灵活调整和补充测试要求。

检测对象：动力电池包整体

依据标准：中国国家标准 GB/T 31486—2015《电动汽车用动力蓄电池电性能要求及检验方法》

请按照以下步骤开展任务。

任务名称		动力电池目检记录单
姓名：	班级：	学号：
（1）外部损伤：检查电池包外部，查看是否存在可见的损伤，如裂缝、划痕、变形等		□正常　　　□不正常
（2）尺寸检查：测量电池包的长度、宽度、厚度等尺寸，确保符合产品规格要求。如下图所示电池包的尺寸为 2 000 mm × 1 100 mm × 300 mm		电池包尺寸：

（3）标识检查：检查电池上的标识是否清晰可见，并与产品规格要求一致 	□正常　　　　□不正常
（4）漏液：检查电池包是否有液体泄漏迹象。如果发现液体渗漏，应尽快进行排除 	□正常　　　　□不正常
（5）温度传感器和绝缘子破损：检查温度传感器是否正确安装和绝缘子是否损坏 	□正常　　　　□不正常
（6）电池端子：检查电池端子的状态，查看是否存在氧化和腐蚀现象。如果发现氧化和腐蚀现象，应及时进行处理 	□正常　　　　□不正常

续表

（7）冷却风扇：检查冷却风扇是否正常运转，是否有堵塞和损坏等现象 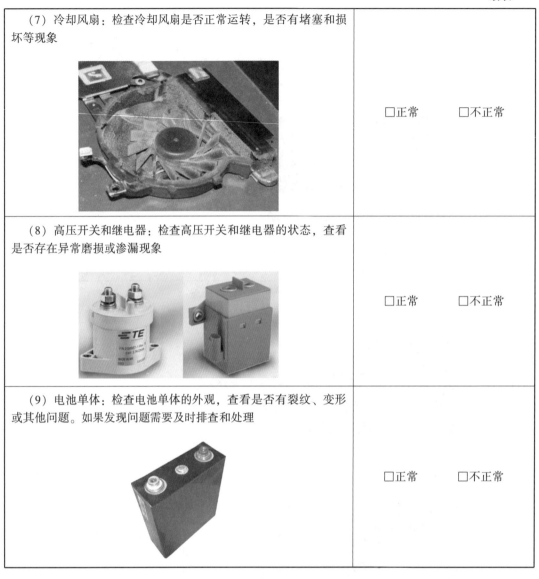	□正常　　　□不正常
（8）高压开关和继电器：检查高压开关和继电器的状态，查看是否存在异常磨损或渗漏现象	□正常　　　□不正常
（9）电池单体：检查电池单体的外观，查看是否有裂纹、变形或其他问题。如果发现问题需要及时排查和处理	□正常　　　□不正常

　　电池包目检是动力电池系统维护和管理的一个重要环节，能够保障电动汽车或混合动力汽车的安全运行。若目检发现任何异常，应根据情况采取正确的维护和修复措施。

任务评价

班级		组号		日期	
评价指标	评价要求			分数	分数评定
职业素养	是否具备良好的职业道德和责任心			20	
	是否遵守工作纪律和规范操作流程				
	能否与他人合作并保持良好的沟通和协调能力				

续表

评价指标	评价要求	分数	分数评定
思政素养	严谨细致的工匠精神：工程项目通常需要高度的精确性和细致的操作，实验过程中是否注重细节，确保项目的质量	30	
	责任担当意识：工程师需要对自己的工作负责，确保项目的安全性、可靠性和性能。是否始终考虑社会、环境和道德责任		
课堂参与	在课堂上是否积极参与讨论和提问	10	
	展示良好的学习态度和求知欲		
	能够积极贡献自己的观点和思考		
学习能力	在学习过程中是否具备较强的自学能力和学习方法	20	
	是否能够快速适应新知识和技能，并能够独立解决问题和思考		
技能操作	在实际操作中是否具备熟练的技能和操作方法	20	
	能够准确判断和分析问题，并合理运用所学知识解决实际问题		

子任务 9.2　动力电池安规检测

◎ 任 务 知 识

在电动汽车、混合动力汽车等新能源汽车领域，动力电池作为关键部件，对电池安全性能的检测显得尤为重要。本任务将介绍动力电池安规检测的概述，包括检测目的、重要性、相关标准和规范以及检测过程。

1. 检测目的

动力电池的安规检查是对动力电池进行审查和测试，以确保电池符合各种安全标准，如绝缘、防水、气密性等，验证动力电池的基本性能参数，保证动力电池符合国家和行业标准。

2. 检测重要性

动力电池的安全性直接关系到新能源汽车的使用安全。如果电池发生故障或失控，可能导致严重的事故，危及驾乘人员、其他道路用户以及环境安全。对动力电池进行全面准确的安规检测，可以降低潜在风险，保障车辆和驾乘人员的安全。

3. 相关标准和规范

国际上，动力电池安规检测通常参考 IEC 标准，如 IEC 62619、IEC 62133 等。此外，各国和地区也制定了一系列相关的标准和规范，如中国的《电动汽车用动力蓄电池安全要求》、美国的 FMVSS 305 等。在进行动力电池安规检测时，需要参照这些标准和规范进行测试和评估（见图 5 – 1）。

图 5 – 1　相关标准和规范

4. 检测内容

（1）绝缘检查：检查电池中的绝缘材料是否完好，以确保电池的正负电极之间没有电气连接。

（2）防水检查：检查动力电池的密封性能，以确保在高湿度或潮湿的环境中系统不会受到损害。

（3）气密性检查：检查电池中的气密性能，以确保电池中的压力不会泄漏，从而造成安全风险。

（4）安全开关检查：检查安全开关和高压开关的工作状态，以确保在事故发生时可以快速切断高压电源，保证人员安全。

（5）熔断器检查：检查熔断器及其配件的状态和位置，以确保在发生电池故障时能够及时切断高压电源，防止安全事故的发生。

（6）电气接地检查：检查电气接地的连通性，以确保电池故障时可以快速切断电源。

动力电池的安规检查需要通过专业的检验和测试设备进行，以确保测试的准确性和可靠性。不仅需要对动力电池进行安规检查，还需要遵循相关的安装和操作规定，确保电池在使用过程中也能符合安全标准。

5. 检测方法

（1）实验室测试。

实验室测试是动力电池安规检测的主要手段之一。通过模拟不同工况并进行测试，可以获取电池在不同条件下的性能表现，主要包括电性能、力学性能、热性能和环境适应性方面的测试。

（2）现场测试。

动力电池安规检测中的现场测试是指在实际使用环境中进行测试，以验证电池在实际情况下的安全性能。通过监测电池的工作状态、温度、压力等参数，可以了解电池的实际工作情况，为电池的改进和优化提供依据。

（3）试验设备和仪器。

动力电池安规检测中需要使用一系列专用的试验设备和仪器，如电池测试系统、电池力学性能测试设备、热失控测试设备、环境适应性测试设备等。这些设备和仪器能够对电池进行全方位、高精度的测试和评估。

电动汽车的
电池安全规则

6. 任务实施

现在市面上大部分新能源汽车相关企业在动力电池的安规检测上都采用专用的试验设备，本任务以 EOL 综合测试系统设备中的 19073型和 19032 型安规测试仪项目为例进行任务实施。

7. 检测设备

EOL 综合测试系统（End of Line Integrated Tester）是一种专用的测试设备（见图 5 - 2），用于对生产线上的电池包、电子设备或其他产品在生产结束后进行全面的功能和性能测试。本系统集成多种测试功能和模块，如电池安规检测、电池充放电测试、电池参数测试、辅助功能测试、BMS 测试等，采用条码给定、自启动测验、自判断测验的方法，实现检测过程的全面自动化和智能化，以达到减少操作人员、提高测试效率的目的，是产品生产线上最后一个工作站。

安规测试仪是一种用于测试电器产品的安全性能的仪器设备。它通常用于对电器设备进行电气安全性能测试，以确保设备符合特定的安全标准和规定。安规测试仪主要用于进行绝缘电阻测试、耐压测试、接地电阻测试、漏电流测试、接地等效测试等。通过使用安规测试仪，可以评估电器产品在正常和异常工作条件下的安全

指示灯
启停按钮
显示器
扫码枪
工控机
键盘鼠标
仪表安装区

图 5 - 2 EOL 综合测试系统

性能，以及产品是否满足国家和国际安全标准的要求，19032 型和 19073 型安规则测试仪操作界面如图 5 - 3、图 5 - 4 所示。

检测对象：动力电池包整体

依据标准：GB 18384—2020《电动汽车安全要求》

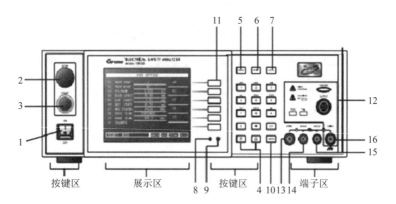

图 5-3 19032 型安规测试仪操作界面

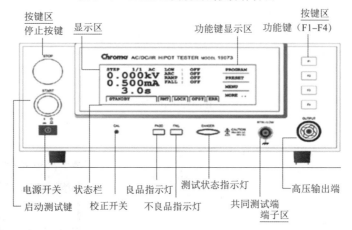

图 5-4 19073 型安规测试仪操作界面

任务实施

任务名称	绝缘电阻测试记录表	
姓名：	班级：	学号：
1. 检查安规测试仪通信及接线是否正常		□正常　　□不正常
2. 检查测试线束及与电池连接		□已连接　□有问题
3. 检查确认工艺编辑和判定条件表达式是否正确		判定表达式：

续表

4. 扫码启动测试或手动启动测试	☐扫码启动测试 ☐手动启动测试
5. 测试结果查阅，OK/NG 软件自动判断	结果：

任务名称		气密性测试记录表
姓名：	班级：	学号：
1. 准备测试设备，连接相应的管路 进气源　　测试口 电源开关 电源 消音器排气口 进气压力建议调节为 0.4~0.5 MPa		☐已连接 ☐有问题
2. 将电池包或电池单体安装在测试夹具中，保证其连接端口与测试仪器相连		☐已连接 ☐有问题
3. 开启测试仪器，并设置测试参数，包括测试压力和测试时间等		测试压力： 测试时间：
4. 将测试气体连接到电池包或电池单体的一个端口，并确保连接紧密		☐连接紧密 ☐有问题

5. 开始测试，将测试气体注入电池包或电池单体，并保持一定的测试压力。通常情况下，测试压力在正常工作压力的 1.5 倍左右	测试压力值：
6. 在规定的测试时间内，观察测试压力的变化情况。如果测试压力没有明显的下降，则说明电池包或电池单体的气密性良好	□气密性良好 □气密性不好，原因
7. 结束测试后，将测试气体排出，并移除连接管路	□已拆线 □未拆线
8. 检查测试结果，如果测试压力有明显下降，说明电池包或电池单体存在气密性问题，需要进行修复或替换	结果：

任务名称	交流（AC）、直流（DC）耐压测试记录表	
姓名：	班级：	学号：
1. 检查安规测试仪仪表是否正常，通信及接线是否正常	□正常　　□不正常	
2. 检查测试线束及与电池连接	□已连接　□有问题	
3. 检查确认工艺编辑和判定条件表达式是否正确	判定表达式：	

测试项	测试方法/描述	判定标准
耐压测试	有输出的情况下，关闭绝缘监测功能，测试总正、总负、快充正对壳的漏电流，测试电压 1 000 V DC/20 s/耐压仪 （1）耐压机正对电池包正，耐压机负对壳漏电流 I_1 （2）耐压机正对电池包负，耐压机负对壳漏电流 I_2	$I_1 < 2$ mA
		$I_2 < 2$ mA
		$I_3 < 2$ mA
		$I_4 < 2$ mA

4. 开始测试	耐压值：
5. 检查该测试回路接触器或高压继电器是否动作，测试回路是否导通	□动作 □不动作

任务名称	短路测试
姓名：	班级：　　　　　　　　　学号：

1. 准备测试设备：EOL 测试设备（包括短路装置）、连接线路和测试仪器（如电流测量仪）	□正常　　□不正常
2. 将要测试的电池安装在测试设备上，根据测试设备的要求连接正确的极性	□已连接　□有问题

3. 确保测试设备的短路装置已调整至合适的状态，以模拟短路条件	合适状态：
4. 连接电流测量仪到电池的正负极上，用于监测测试过程中的电流变化	□已连接　□有问题
5. 设置测试仪器的参数，如采样频率、测试时间等	采样频率： 测试时间：
6. 开始测试，启动短路装置，将电池短接，形成短路状态	□是短路状态　　□不是短路状态
7. 观察并记录电流测量仪的读数，记录测试中的电流变化情况	电流值：
8. 在规定的测试时间内完成短路测试	测试时间：
9. 结束测试后，通过短路装置断开电池的短路状态	□已断开　□有问题
10. 分析和评估测试结果，判断电池在短路状态下的安全性能	结果：

🌀 任 务 评 价

班级		组号		日期	
评价指标	评价要求			分数	分数评定
职业素养	是否具备良好的职业道德和责任心			20	
	是否遵守工作纪律和规范操作流程				
	能否与他人合作并保持良好的沟通和协调能力				
思政素养	"标准化"精神：是否秉承标准和规范，以确保项目的安全性、可靠性和质量。确保项目的一致性、互操作性和合规性，同时减少了潜在的风险和问题			30	
	团队合作精神：工程项目通常需要团队合作，是否有效沟通并共同推进项目				
课堂参与	在课堂上是否积极参与讨论和提问			10	
	展示良好的学习态度和求知欲				
	能够积极贡献自己的观点和思考				

续表

评价指标	评价要求	分数	分数评定
学习能力	在学习过程中是否具备较强的自学能力和学习方法	20	
	是否能够快速适应新知识和技能，并能够独立解决问题和思考		
技能操作	在实际操作中是否具备熟练的技能和操作方法	20	
	能够准确判断和分析问题，并合理运用所学知识解决实际问题		

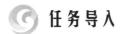

任务10
动力电池故障诊断与排查

◎ 任务导入

　　一辆新能源汽车无法充电，您能判断故障原因并进行检修吗？动力电池是电动汽车或混合动力汽车的核心部件，常见的故障包括电池单体损坏、电池包电芯失衡等，这些故障将直接影响动力电池的性能和安全性。故障诊断和排查是维护和修复动力电池的重要环节，能够为故障诊断和排查提供技术支持和指导，确保电动汽车或混合动力汽车的正常运行和安全。

　　本任务围绕动力电池热管理系统、充电接口、管理系统、高低压配电系统等常见故障的诊断与排除方法，帮助读者对动力电池有更深入的了解，提高故障诊断能力和解决故障效率。

◎ 学习目标

　　知识目标：熟悉动力电池常见的故障类型和现象
　　　　　　　理解动力电池常见故障及其产生的原因
　　　　　　　掌握动力电池故障诊断的基本知识
　　技能目标：具备对动力电池进行故障诊断的能力，分析故障现象
　　　　　　　掌握动力电池的故障诊断流程，包括故障检测、确认和排除
　　　　　　　熟练操作故障诊断工具和设备进行故障排查
　　素质目标：养成细致认真的工作态度，故障诊断和排查工作负责
　　　　　　　培养良好的沟通和协作能力，与团队成员和相关人员有效合作

增强问题解决能力和创新思维，在实践中探索并解决问题

提高自我学习和持续学习的能力，不断更新知识和技能

任务分析

1. 动力电池常见故障类型

（1）电池寿命损耗：电池的寿命有限，经过长期使用后，会出现性能下降、容量减少以及电压不稳定等问题。这可能是过度放电、过度充电、充电不平衡或温度过高等因素导致的。

（2）电池绝缘故障：电池绝缘材料在使用过程中可能会出现老化、破损或腐蚀等情况，从而导致电池中的电压波动、短路或电流过大等问题。这种故障可能会导致车载电子设备故障、车辆加速缓慢或电池温度升高等现象。

（3）温度管理故障：动力电池系统需要保持在适宜的温度范围内工作，过高或过低的温度都会对电池性能产生负面影响。当电池系统的温度管理系统出现故障时，电池温度可能会升高，从而导致电池寿命的缩短、充电速度的下降或报警灯的亮起。

（4）系统通信故障：动力电池系统通过 CAN 总线与车辆的其他系统进行通信，如果通信链路出现故障，可能会导致传感器数据丢失或错误。这种故障常常表现为仪表盘上的报警灯闪烁、无法读取或错误的诊断代码。

（5）动力电池管理系统故障：BMS 负责监控、控制和维护动力电池系统的性能和状态。如果 BMS 出现故障，可能导致电池过度放电、过度充电或电池不均衡现象，影响电池系统的性能和寿命。

这些故障类型是动力电池常见的问题，准确诊断和解决这些问题对于保证电动汽车的性能和安全至关重要。

2. 动力电池的故障诊断流程

（1）故障现象描述：仔细记录车辆的故障现象，包括故障发生的时间、车速、环境条件等。与车主或驾驶员详细了解车辆的故障描述和行驶状况。

（2）故障码诊断：使用专业诊断仪器连接到车辆的诊断接口，读取动力电池的故障码。根据故障码库和技术手册对故障码进行初步分析和诊断。

（3）实时数据分析：利用诊断仪器监测动力电池的实时数据，包括电压、电流、温度等参数。比对实时数据与参考值，分析是否存在异常数值。

（4）可视化检查：检查动力电池的连接器、线束和散热器等部件，确保部件没有松动、破损或被腐蚀。检查电池箱体是否有变形或破损，以及电池模块和电池单体之间的连接是否正常。

（5）系统组件测试：进行电池测试，包括测量电压、容量和内部电阻。测量温度传感器的电阻值，确保电池准确性和正常工作。检查电池绝缘材料的破损情况，并测试绝缘

性能。

（6）故障原因分析：综合以上步骤的结果，进行故障原因的分析和判断，确定故障点所在。考虑可能的故障原因，如电池失效、绝缘故障、温度管理故障或系统通信故障。

（7）故障解决方案：根据故障原因进行相应的维修或更换工作，修复电池故障。修复后，对动力电池进行再次检测和测试，确保问题已解决。

动力电池的故障诊断要点是什么呢?

注：在整个诊断流程中，专业的电动汽车维修技术人员需要准确使用诊断仪器、工具和设备，同时参考相关技术手册和制造商的指导，以确保诊断和排查的准确性和有效性。

动力电池常见的故障现象，以及对应的故障点和排查方法如表 5 – 1 所示。

表 5 – 1　动力电池常见的故障现象、对应的故障点和排查方法

序号	故障现象	故障点	排查方法
1	电池续航里程明显下降	电池失效、电池负极连接不良	读取电池的电压，检查每个电池的电压是否均衡；检查电池负极的连接状态和紧固度
2	电池充电速度明显降低	温度管理故障、充电器故障、单体电池老化	监测电池的温度，在充电过程中检查温度是否在正常范围内；使用充电器测试电池充电速度；检查电池的容量和电阻值
3	电池温度异常升高	温度管理故障、电池绝缘故障	检查温度传感器是否工作正常，测量电池内部温度和外部温度的差异；检查电池绝缘材料是否老化、破损或腐蚀
4	仪表盘报警灯闪烁	系统通信故障、电池失效	使用诊断仪器读取故障码，根据故障码诊断故障；检查 CAN 总线连接是否正常，确保各系统间的通信畅通
5	车辆无法启动或起步缓慢	电池失效、电池绝缘故障	检查电池的电压和容量，确保电池工作正常；检查电池绝缘材料是否存在破损或老化问题

子任务 10.1　动力电池热管理系统的故障诊断与排除

任务知识

动力电池热管理系统在电动汽车中起着至关重要的作用，有效管理电池的温度，有助于提高电池的性能和寿命。然而，热管理系统也会出现故障，导致电池温度异常升高或过低，进而影响电池的安全性和性能。

1. 常见动力电池热管理系统故障类型

（1）温度传感器故障：温度传感器的故障会导致温度测量不准确或无法读取温度数据，影响热管理系统的调控。常见故障表现为温度数据异常或仪表盘报警。

（2）冷却系统故障：冷却系统的故障可能导致冷却液泄漏或循环不畅，无法有效地降低电池温度。典型故障表现为电池温度升高、冷却液减少或冷却风扇无法正常运转。

（3）加热系统故障：加热系统的故障会影响电池在低温环境下的性能和寿命。常见故障表现为无法启动加热装置、加热效果不佳或电池温度过低报警。

（4）管道堵塞：管道堵塞会导致冷却液无法正常循环流动，进而影响热管理系统的散热效果。典型故障表现为冷却液不流动、管道有异物或结垢的迹象。

2. 动力电池热管理系统故障诊断方法

（1）故障码读取法：使用诊断仪器读取热管理系统的故障码，根据故障码库进行故障诊断。

（2）数据检查法：检查传感器的阻值或电压输出，与参考值进行比对，判断是否需要更换。

（3）外观观察法：检查冷却系统的冷却液是否充足、管路是否有泄漏，通过观察风扇运行状况来判断冷却系统是否正常；检查加热系统的工作状态，检查加热装置是否正常工作，温度提升是否符合要求；检查管道是否有堵塞的迹象，使用专业工具进行清洗和冲洗，确保冷却液循环顺畅。

3. 动力电池热管理系统故障排除步骤

（1）故障现象描述：记录热管理系统的故障现象，包括温度异常、报警灯亮起等情况，了解故障发生的时间和车辆状况。

（2）故障原因分析：根据故障现象综合分析故障原因，通过故障诊断方法确定故障点所在。

（3）故障解决方案：根据故障原因进行相应的维修或更换工作，修复热管理系统故障。

动力电池热管理系统的故障会直接影响电池的性能和寿命，因此及时

驱动电机冷却
系统检测维修

诊断和排除热管理系统的故障非常重要。通过合理的故障诊断方法和检查步骤，可以实现对热管理系统的高效故障识别和解决，保证电动汽车的安全、可靠性和性能。

任务实施

检测设备：EOL综合测试系统，如下图所示。

检测对象：电池的热管理系统等。

任务实施

任务名称	热管理故障诊断与排查记录单	
姓名：	班级：	学号：
故障点	热管理系统	
故障现象	电池温度过高，温度显示器报警	
	高温警报或故障指示灯亮起	

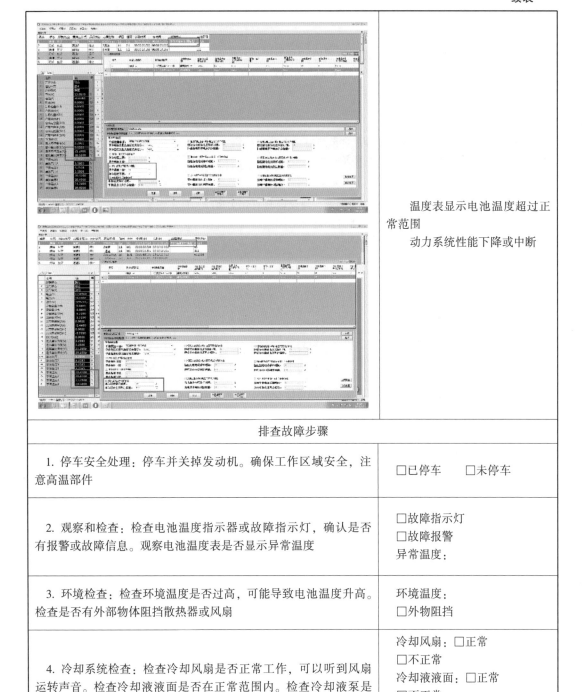	温度表显示电池温度超过正常范围 　动力系统性能下降或中断

排查故障步骤	
1. 停车安全处理：停车并关掉发动机。确保工作区域安全，注意高温部件	□已停车　　　□未停车
2. 观察和检查：检查电池温度指示器或故障指示灯，确认是否有报警或故障信息。观察电池温度表是否显示异常温度	□故障指示灯 □故障报警 异常温度：
3. 环境检查：检查环境温度是否过高，可能导致电池温度升高。检查是否有外部物体阻挡散热器或风扇	环境温度： □外物阻挡
4. 冷却系统检查：检查冷却风扇是否正常工作，可以听到风扇运转声音。检查冷却液液面是否在正常范围内。检查冷却液泵是否正常运转	冷却风扇：□正常 □不正常 冷却液液面：□正常 □不正常 冷却液泵：□正常 □不正常
5. 故障诊断工具检查：连接故障诊断工具，并读取电池温度和其他参数的实时数据。检查故障码，记录故障信息	电池温度： 其他参数： 故障码：

续表

6. 传感器和控制模块检查：检查温度传感器和控制模块，确保其正常工作。检查控制模块是否正确控制电池冷却系统	传感器情况描述： 控制模块情况描述：
7. 冷却系统清洁和维护：检查冷却器和散热器是否堵塞或积尘，清除污垢。检查冷却液是否需要更换或添加	□无异常 □异常情况：
8. 专业维修：如果以上步骤未能解决问题，建议向具有相关资质的专业人员寻求帮助。专业人员可能需要进行更深入的故障诊断和维修操作，如拆卸线下检测维修	□不需要 □需要

🎯 任 务 评 价

班级		组号		日期	
评价指标	评价要求			分数	分数评定
职业素养	是否具备良好的职业道德和责任心			20	
	是否遵守工作纪律和规范操作流程				
	能否与他人合作并保持良好的沟通和协调能力				
思政素养	坚韧不拔精神：故障诊断常常会面临各种挑战和困难，在实验过程中是否具备坚韧不拔的品质，不轻言放弃，努力克服障碍			20	
	创新精神：是否具备创新能力，不断寻求新的解决方案和改进现有技术				
课堂参与	在课堂上是否积极参与讨论和提问			20	
	展示良好的学习态度和求知欲				
	能够积极贡献自己的观点和思考				
学习能力	在学习过程中是否具备较强的自学能力和学习方法			20	
	是否能够快速适应新知识和技能，并能够独立解决问题和思考				
技能操作	在实际操作中是否具备熟练的技能和操作方法			20	
	能够准确判断和分析问题，并合理运用所学知识解决实际问题				

子任务 10.2　动力电池充电接口的故障诊断与排除

任务知识

目前，国际上有 4 种充电接口标准，如图 5 − 5 所示。

接口标准　形式	美国	欧洲	中国	日本
	Type 1	Type 2	GB	JP
交流	 SAE J1772/IEC 62196—2	 IEC 62196—2	 GB/T 20234.2—2011	 IEC 62196—2
直流	 IEC 62196—3	 IEC 62196—3	 GB/T 20234.3—2011	 CHAdeMO MEC 62196—3
组合式	 SAE J1772/IEC 62196—3	 IEC 62196—3		

图 5 − 5　国际上 4 种充电接口标准

对于 GB/T 20234.2—2023 和 GB/T 20234.3—2023，规定了交流与直流接口的标准。交流接口采用的是七针的设计，直流接口采用的是九针的设计，国内车企遵循这个标准进行设计，但是早期一些车企考虑到电池寿命延长，某些车型没有设计直流充电的接口，一些车主在公共充电桩遇到了直流桩充不了电的情况。需要说明的是，并非所有新能源车型都同时采用直流和交流两种接口，有些车型如比亚迪 E6，只提供交流慢充接口。

我国采用的七针交流慢充充电口的定义如图 5 − 6 所示，九针直流快充充电口的定义如图 5 − 7 所示。

1. 动力电池充电接口故障现象

（1）充电速度慢或无法充电。

（2）充电器插入充电接口时提示错误或闪烁。

（3）充电状态指示灯异常或无法正常显示。

（4）充电过程中电池发热或电池容量减少。

慢充线束慢充口定义：

CP：控制确认线
CC：充电连接确认
N：（交流电源）
L：（交流电源）
PE：车身地（搭铁）

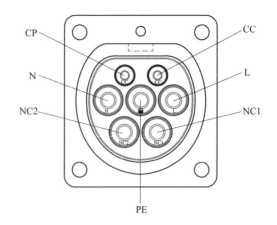

图 5 – 6　七针交流慢充充电口的定义

快充线束快充口定义：

DC–：直流电源负
DC+：直流电源正
PE：车身地（搭铁）
A–：低压辅助电源负极
A+：低压辅助电源正极
CC1：充电连接确认
CC2：充电连接确认
S+：充电通信CAN_H
S–：充电通信CAN_L

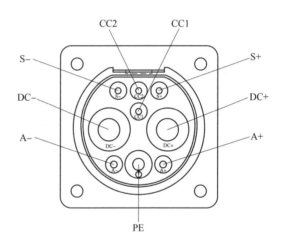

图 5 – 7　九针直流快充充电口的定义

（5）充电接口内部零部件损坏或腐蚀导致接触不良。

（6）充电接口松动或插头松动。

（7）充电接口损坏或老化引起接触不良或电气连接不良。

2. 动力电池充电接口的故障诊断与排除步骤

（1）检查充电电缆和插头：检查插头和电缆是否损坏或者变形，如果是则需要更换。

（2）检查充电连接器的引线是否损坏：如果引线断开或连接不良，将会导致充电效率下降或者无法充电，需要及时更换和修复。

（3）检查充电电源是否正常：充电电源故障会影响动力电池充电状态，需要确保充电电源正常工作。

（4）检查充电接口的交换机，确保交换机没有故障：如果交换机出现故障，可能会导致充电电源无法切换到正确的电源模式，影响充电效率。

诊断动力电池充电接口的重要性毋庸置疑。如果电池接口出现故障，不仅会影响充电效率，而且还可能危及车辆和驾乘人员的安全。及时进行充电接口故障诊断和排除可以避免安全风险，确保动力电池正常运行并延长电池寿命。与电池充电接口相关的故障排除，可以通过定期检查充电系统和电池控制器来预先识别各类问题，并避免车辆下线损失。

任务实施

任务名称		动力电池充电接口的故障诊断与排除	
姓名：	班级：	学号：	
故障点		充电系统	
故障现象		充电速度慢	
排查故障			
1. 检查充电设备：首先检查充电设备，确保其正常工作。检查充电器的输出电压和电流是否与规格相符，排除充电设备本身的问题		□正常　　□不正常	
2. 检查充电连接：检查电池连接线和插头是否松动或损坏，确保连接稳固。另外，检查充电接口是否有腐蚀或堵塞现象，如果有，清洁或更换连接器		□正常　　□不正常	
3. 检查充电电源：确保充电电源的电压和电流稳定。检查电源线路和插座是否正常工作，并检查配电盒或保险丝是否损坏		□正常　　□不正常	
4. 检查电池状态：使用专业的电池测试仪检测电池充电状态和健康情况。检查电池的电压、容量和内阻等参数，并将其与规格进行对比。如果电池容量明显低于标准值，可能需要更换电池		□正常　　□不正常	
5. 检查充电系统：检查动力电池管理系统是否正常工作，是否有故障代码或警报。动力电池管理系统是控制电池充放电过程的关键系统，如果存在故障，可能会导致充电速度减慢		□正常　　□不正常	
6. 检查充电温度：检查电池和充电器的工作温度。如果温度过高或过低，可能会影响充电速度和效果。确保充电环境温度适宜，并检查冷却系统是否正常工作		□正常　　□不正常	
7. 检查其他因素：如果以上排查都未发现问题，可以考虑其他因素，如车辆电路中的接触不良、单体电池电量不均衡、充电模式选择错误等。可能需要进行更深入的诊断和故障排除		结果	

◎ 任 务 评 价

班级		组号		日期	
评价指标	评价要求			分数	分数评定
职业素养	是否具备良好的职业道德和责任心			20	
	是否遵守工作纪律和规范操作流程				
	能否与他人合作并保持良好的沟通和协调能力				
思政素养	坚韧不拔精神：故障诊断常常会面临各种挑战和困难，在实验过程中是否具备坚韧不拔的品质，不轻言放弃，努力克服障碍			20	
	创新精神：是否具备创新能力，不断寻求新的解决方案和改进现有技术				
课堂参与	在课堂上是否积极参与讨论和提问			20	
	展示良好的学习态度和求知欲				
	能够积极贡献自己的观点和思考				
学习能力	在学习过程中是否具备较强的自学能力和学习方法			20	
	是否能够快速适应新知识和技能，并能够独立解决问题和思考				
技能操作	在实际操作中是否具备熟练的技能和操作方法			20	
	能够准确判断和分析问题，并合理运用所学知识解决实际问题				

子任务 10.3　动力电池管理系统的故障诊断与排除

◎ 任 务 知 识

　　动力电池管理系统的故障诊断与排查是确保电池系统正常运行的重要环节。常见的故障类型包括电池容量不足、电池电压波动、电池温度异常等。下面将按照常见故障类型、诊断方法和排除步骤进行详细介绍。

1. 常见故障类型

（1）电池容量不足：当电池充电后无法提供足够的电量给车辆使用时，可能是电池容量不足导致。这种故障通常会导致续航里程减少。

（2）电池电压波动：电池电压波动可能会导致车辆动力输出不稳定或者无法启动。这种故障通常发生在电池老化、线路接触不良或系统主控制模块故障等情况下。

（3）电池温度异常：电池温度异常可能会导致电池性能下降甚至损坏。这种故障通常发生在电池过热或者过冷的情况下。

2. 诊断方法

（1）检查故障码：利用专业的故障诊断仪器对电池管理系统进行诊断，查看相关的故障码。故障码通常可以提供一些线索，帮助快速定位故障原因。

（2）检查电池参数：使用电池管理系统的监测功能，检查电池的电量、电压、温度等参数是否正常，并与标准值进行对比。

（3）检查线路连接：检查电池系统的线路连接是否牢固，检查电池、电池控制器、集中管理模块等部件的连接是否良好。

（4）进行故障仿真测试：根据故障类型进行相应的仿真测试，模拟故障条件，观察系统反应和参数变化，评估故障位置。

3. 排除步骤

（1）更换电池：如果电池容量不足或者电压波动较大，可以考虑更换电池。

（2）修复线路连接：如果发现线路连接不良，可以进行线路的修复或更换。

（3）故障模块更换：如果故障码和测试结果表明某个模块有故障，可以考虑更换该模块。

（4）温度控制：对于电池温度异常的情况，可以考虑增加散热措施或者优化冷却系统，以确保电池处于正常的工作温度范围内。

动力电池管理
系统检测维修

综上所述，动力电池管理系统的故障诊断与排查是一个复杂的过程，需要综合运用故障码诊断、参数监测、线路检查和故障仿真等方法，根据具体情况采取相应的排除步骤，最终解决故障并恢复系统的正常工作。

任务实施

任务名称			动力电池管理系统的故障诊断与排除	
姓名：	班级：		学号：	

故障点	电池过热保护
故障现象	电池过热

1.

<table>
<tr><td>大类</td><td>SID (0x)</td><td>诊断服务名</td><td>服务 Service</td><td rowspan="30">通过诊断协议读取当前电池包故障信息—电池过热</td></tr>
<tr><td rowspan="11">诊断和通信管理功能单元</td><td>10</td><td>诊断会话控制</td><td>Diagnostic Session Control</td></tr>
<tr><td>11</td><td>电控单元复位</td><td>ECU Reset</td></tr>
<tr><td>27</td><td>安全访问</td><td>Security Access</td></tr>
<tr><td>28</td><td>通信控制</td><td>Communication Control</td></tr>
<tr><td>3E</td><td>待机握手</td><td>Tester Present</td></tr>
<tr><td>83</td><td>访问时间参数</td><td>Access Timing Parameter</td></tr>
<tr><td>84</td><td>安全数据传输</td><td>Secured Data Transmission</td></tr>
<tr><td>85</td><td>诊断故障码设置控制</td><td>Control DTC Setting</td></tr>
<tr><td>86</td><td>事件响应</td><td>Response On Event</td></tr>
<tr><td>87</td><td>链路控制</td><td>Link Control</td></tr>
<tr><td rowspan="7">数据传输功能单元</td><td>22</td><td>通过 ID 读数据</td><td>Read Data By Identifier</td></tr>
<tr><td>23</td><td>通过地址读取内存</td><td>Read Memory By Address</td></tr>
<tr><td>24</td><td>通过 ID 读比例数据</td><td>Read Scaling Data By Identifier</td></tr>
<tr><td>2A</td><td>通过周期 ID 读取数据</td><td>Read Data By Periodic Identifier</td></tr>
<tr><td>2C</td><td>动态定义标识符</td><td>Dynamically Define Data</td></tr>
<tr><td>2E</td><td>通过 ID 写数据</td><td>Write Data By Identifier</td></tr>
<tr><td>3D</td><td>通过地址写内存</td><td>Write Memory By Address</td></tr>
<tr><td rowspan="2">存储数据传输功能单元</td><td>14</td><td>清除诊断信息</td><td>Clear Diagnostic Information</td></tr>
<tr><td>19</td><td>读取故障码信息</td><td>Read DTC Information</td></tr>
<tr><td>输入输出控制功能单元</td><td>2F</td><td>通过标识符控制输入输出</td><td>Input Output Control By Identifier</td></tr>
<tr><td>例行程序功能单元</td><td>31</td><td>例行程序控制</td><td>Routine Control</td></tr>
<tr><td rowspan="5">上传下载功能单元</td><td>34</td><td>请求下载</td><td>Request Download</td></tr>
<tr><td>35</td><td>请求上传</td><td>Request Upload</td></tr>
<tr><td>36</td><td>数据传输</td><td>Transfer Data</td></tr>
<tr><td>37</td><td>请求退出传输</td><td>Request Transfer Exit</td></tr>
<tr><td>38</td><td>请求文件传输</td><td>Request File Transfer</td></tr>
</table>

2.	通过 CAN 通信读取过热温度值,比如 X_1。
3. 测量当前环境温度值,比如 Y_1	Y_1:
4. 若外部环境某位置异常,排除外部环境异常点后,重复步骤 2 得来 X_2,若 $X_2 < X_1 <$ 温度报警值,故障解除;若无变化,继续往下	X_2: X_1: 温度报警值:
5. 若 $X_2 < Y_1 <$ 温度报警值,可能为系统干扰导致,复位后检查报警情况	X_2: Y_1: 温度报警值:
6. 若 $X_2 > Y_1 >$ 温度报警值,将电池包静置 0.5 h,重复步骤 2 得 X_3	□未静置　□已静置
7. 若 X_3 无变化,根据温度传感器类型,使用温度测试仪测试温度探头实际温度 X_4	X_3 □无变化　□有变化 X_4:

8. 若 X_4 与 X_3 偏差较大，更换 BMS 对应温度的模块，判断为 BMS 模块温度采样故障 	□未更换　　□已更换 分析温度采样故障：
<div align="center">排查步骤</div>	
1. 故障现象确认：观察 BMS 是否有故障指示灯亮起，或者是否有相关故障报警信息。检查电池的工作温度、电压、电流等参数是否异常	□故障指示灯 □故障报警 工作温度： 电压： 电流：
2. 诊断工具连接：连接故障诊断工具，以读取实时的电池参数数据和故障码。检查是否存在与相应故障点相关的故障码	故障码：
3. 传感器检查：检查与故障点相关的传感器，例如温度传感器、电压传感器等，确保其连接正常并且读数准确。如果传感器读数异常，可能需要进行修理或更换	传感器读数 □正常　　□异常
4. 控制模块检查：检查 BMS 的控制模块，确保其功能正常。检查控制模块与其他部件的通信是否正常	通信 □正常　　□异常
5. 电池参数校准：对于某些故障点，可能需要进行电池参数的校准。根据设备和 BMS 的要求，执行相应的校准操作，以确保 BMS 的准确性	□未校准　　□已校准
6. 软件更新：检查是否有可用的软件更新或固件升级。如果有相关的更新，按照厂商的指示进行软件更新，以修复已知的问题	□已更新　　□未更新

续表

7. 维护和保养：检查电池冷却系统和散热器是否正常运作，确保电池温度在合理范围内。检查电池连接器是否紧固可靠，排除可能的连接异常	□正常　　□不正常
8. 专业维修：如果以上步骤未能解决问题，建议向具有相关资质的专业人员寻求帮助。专业人员可能需要进行更深入的故障诊断和维修操作，可能涉及更高级别的故障排查和修复	□已解决　　□未解决

任务评价

班级		组号		日期	
评价指标	评价要求			分数	分数评定
职业素养	是否具备良好的职业道德和责任心			20	
	是否遵守工作纪律和规范操作流程				
	能否与他人合作并保持良好的沟通和协调能力				
思政素养	安全意识：排查故障前是否正确穿戴工作服，是否正确使用仪器仪表，是否有正确的用电安全意识			20	
	科学态度：是否注重实证和实践，理性对待问题，推动科学知识与实践的结合				
课堂参与	在课堂上是否积极参与讨论和提问			20	
	展示良好的学习态度和求知欲				
	能够积极贡献自己的观点和思考				
学习能力	在学习过程中是否具备较强的自学能力和学习方法			20	
	是否能够快速适应新知识和技能，并能够独立解决问题和思考				
技能操作	在实际操作中是否具备熟练的技能和操作方法			20	
	能够准确判断和分析问题，并合理运用所学知识解决实际问题				

子任务 10.4　动力电池高低压配电系统的故障诊断与排除

任务知识

1. 动力电池高低压配电系统故障现象

（1）动力电池的输出电压异常高或异常低，无法满足正常的动力需求。

（2）系统无法正确识别电池状态，例如电池的电量、充电状态和健康状况等。

（3）配电系统中的保险丝或电子保护装置失效，导致系统失去保护功能，电池过充或过放，甚至损坏电池。

（4）配电系统中的连接器故障或插头松动导致电池无法正常输出电能。

（5）配电系统中的电缆老化、磨损或断裂导致电流传输不畅或无法传输。

（6）系统电压不稳定或漏电，可能导致电器故障、电池容量减少或短路等问题。

（7）配电系统中的电压传感器或控制器等元件损坏或失效，导致动力电池管理系统无法控制电池的充放电过程，进一步损坏电池。

2. 故障诊断与排除步骤

（1）检查主配电盒：主配电盒是高低压配电系统的中心控制器。通过检查主配电盒，可以发现系统中是否有故障导致的短路或断路问题。

（2）检查高压电缆：高压电缆是传递电能的主要手段，通过检查高压电缆是否正常，是否有损坏或堵塞的问题，可以诊断出高低压配电系统的故障。

（3）检查低压电缆：低压电缆是传递电能的重要组成部分，需要检查低压电缆是否正常工作。如果低压电缆故障，在启动和加速过程中会有不同的警报提示。

（4）检查传感器和控制器：在高低压配电系统中，传感器和控制器能够监测电池的电量和温度，如果传感器或控制器出现故障，将影响整个动力电池的运行。

诊断动力电池高低压配电系统的重要性在于确保整个电池的正常运行，防止电池因为配电问题而发生故障。定期检查配电系统是否正常和电池相关的传感器、控制器的工作状态，处理出现的问题，可以确保电池的正常运行，保证驾乘人员及车辆的安全。及时检查和排除电池配电系统的故障是保障电池性能和使用寿命的重要手段。

纯电动汽车
高压安全防护

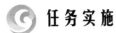 任 务 实 施

任务名称		高低压配电系统故障诊断与排查	
姓名：	班级：		学号：
故障点		动力电池输出电压异常	
故障现象		动力电池的输出电压 异常高或异常低	
1. 系统异常例图分析		实验中系统异常分析图：	
2. 系统无法正确识别电池状态，例如电池的电量、充电状态和健康状况等		电池状态：	

3. 配电系统中的连接器故障或插头松动导致电池无法正常输出电能 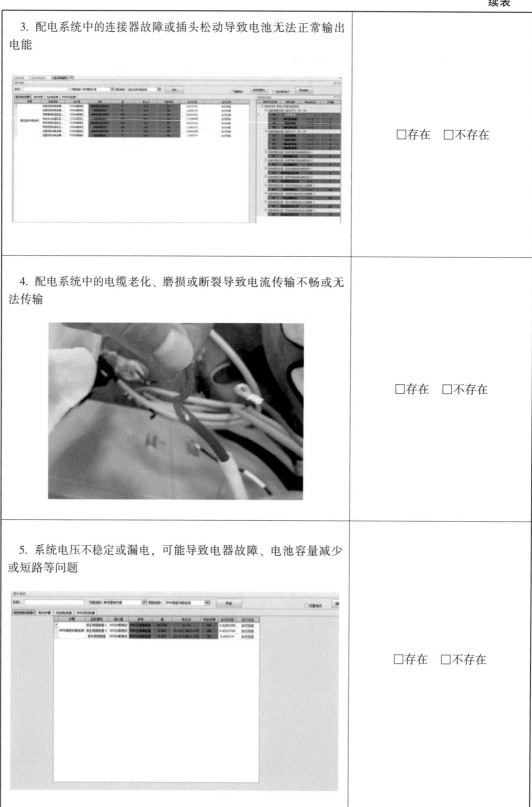	□存在　□不存在
4. 配电系统中的电缆老化、磨损或断裂导致电流传输不畅或无法传输	□存在　□不存在
5. 系统电压不稳定或漏电，可能导致电器故障、电池容量减少或短路等问题	□存在　□不存在

故障诊断与排除步骤	
1. 检查主配电盒。主配电盒是高低压配电系统的中心控制器。通过检查主配电盒，可以发现系统中是否有故障导致的短路或断路问题 	□正常　□不正常
2. 检查高压电缆。高压电缆是传递电能的主要手段，通过检查高压电缆是否正常，是否有损坏或堵塞的问题，可以诊断出高低压配电系统的故障 	□正常　□不正常
3. 检查低压电缆。低压电缆是传递电能的重要组成部分，需要检查低压电缆是否正常工作。如果低压电缆故障，在启动和加速过程中会有不同的警报提示	□正常　□不正常
4. 检查传感器和控制器。在高低压配电系统中，传感器和控制器能够监测电池的电量和温度，如果传感器或控制器出现故障，将影响整个动力电池的运行	□正常　□不正常

任务评价

班级		组号		日期	
评价指标	评价要求			分数	分数评定
职业素养	是否具备良好的职业道德和责任心			20	
	是否遵守工作纪律和规范操作流程				
	能否与他人合作并保持良好的沟通和协调能力				
思政素养	安全意识：排查故障前是否正确穿戴工作服，是否正确使用仪器仪表，是否有正确的用电安全意识			20	
	严谨的工作态度和责任意识：能够按照操作规程和程序对BMS进行故障排除				
课堂参与	在课堂上是否积极参与讨论和提问			20	
	展示良好的学习态度和求知欲				
	能够积极贡献自己的观点和思考				
学习能力	在学习过程中是否具备较强的自学能力和学习方法			20	
	是否能够快速适应新知识和技能，并能够独立解决问题和思考				
技能操作	在实际操作中是否具备熟练的技能和操作方法			20	
	能够准确判断和分析问题，并合理运用所学知识解决实际问题				

项目6 | 动力电池的维保及设备简介

知识结构

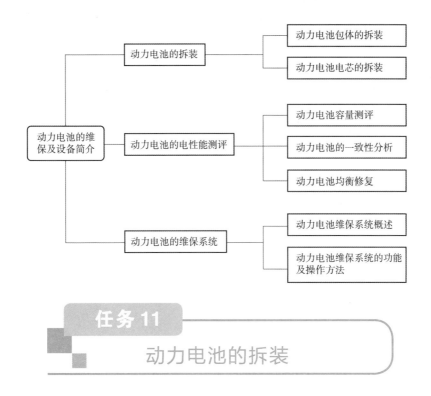

任务 11

动力电池的拆装

任务导入

随着新能源汽车逐渐被人们接受，市场占有率逐年增大，新能源汽车的维修保养人才需求也逐年增加。作为新能源汽车的核心部件动力电池，其拆装是新能源汽车维修保养人才的必备技能之一。

电动汽车日益盛行，电动汽车使用的电池的类型各种各样，例如中国自主品牌比亚迪推出一种全新电池技术——刀片电池，独特之处在于电池的多层平面结构。类似一本书的页码，刀片电池将多个电池层堆叠在一起，并使用导电介质将电池层隔离。这种设计有效地减少了电池内部的空隙，提高了能量密度和充放电效率。通过这样的构造，刀片电池实现了更高的能量储存，比相同体积的电池可以容纳更多电能，为全球电池汽车的发展带来了新的可能性。

学习目标

知识目标： 掌握动力电池拆装的步骤及注意事项

技能目标： 掌握动力电池安全操作规范

会使用绝缘安全护具

会正确使用拆装工具

思政目标： 培养学生遵守生产规范习惯

文化自信和爱国情怀的培养

环保意识的培养

任务分析

由于新能源汽车的动力电池在驱动车辆运行时，输出电压大部分都在直流 72~600 V 甚至更高。一般环境条件下，人体允许持续接触的安全电压是 36 V，动力电池输出的电压已远远超过了安全电压。此外，动力电池充电是以几百伏的交流或直流高压进行的。这就意味着对动力电池进行维护保养时，检修人员将处于危险的工作环境中，有被电伤害的可能，因此在动力电池的维保过程中应该严格遵守安全操作规范。

子任务 11.1　动力电池包体的拆装

1. 拆装前的准备工作

（1）维修人员的安全措施及护具。

维修人员在拆装动力电池时要注意摘除手表、戒指、钢笔等，穿棉质工装，并注意遵循安全警示标签提示的内容，要穿戴绝缘帽、绝缘手套、绝缘鞋、安全防护眼镜等安全护具。

（2）其他绝缘用品及工具。

在低压配电室地面上可铺绝缘胶垫补充绝缘鞋起到绝缘作用，因此在维修电动汽车、拆装动力电池时需铺好绝缘胶垫。

在拆装电动汽车动力电池时，应设置功能区标识、设备标识、安全向导标志、安全警告标识、消防安全标识等。在维修操作时，充放电设备和电动汽车动力电池及高压动力线束应设置操作警示牌，电动汽车维修区域应设置警示线以及安全围栏。

2. 拆装动力电池

（1）拆卸动力电池操作流程与规范。

①操作前务必断开整车低压电瓶（负极连接线），规范安全操作如图 6-1 所示。

②使用升降柱将车身托离地面约 1.7 m，如图 6-2 所示。

③检查电池包底面有无明显破损现象，紧固螺栓是否齐全完好。

④在车身下方（电池包位置）放置托举平台并上升至接触电池包底面。

⑤图6-3所示为检查高压电缆（1负、2正）与通信插头有无异常。

⑥图6-4所示为拆卸高压电缆与通信插头，注意：这里一定先拆低压线束，再拆高压线束。

⑦图6-5所示为专业扭力工具，使用专业扭力工具对螺栓进行拆卸，双手稳固螺栓匀速进行扭卸。

⑧图6-6所示为两人合作前后固定电池箱体缓慢匀速下降至脱离车身。

图6-1　断开负极连接线

图6-2　使用升降柱将车身托离地面

图6-3　检查高压电缆与通信插头

图6-4　拆卸高压电缆与通信插头

图6-5　专业扭力工具

图6-6　电池箱体脱离车身

（2）箱体与车身安装流程与规范。

安装的过程是拆卸的反过程。

①电池箱体需放置在专用的托举平台并将平台拖拽与车身下方。

②两人操作缓慢匀速上升平台过程中实时对准车体下方电池包槽位。

③箱体进入车身前需仔细检查周边线束是否位置正确防止摩擦缠绕。

④检查箱体定位栓是否安装牢固，无松动问题。

⑤仔细检查电池箱体的定位栓是否能完全进入插孔。

⑥检查螺栓配件组合是否齐全，螺栓数量是否正确。

⑦使用专业扭力工具进行螺栓的校紧安装。

⑧检查确认螺栓全部安装完毕并绝对紧固。

⑨安装各种线束、高低压电缆与通信插头等，注意高压电缆的正负极不要接错。

⑩安装完毕，缓慢匀速下降托举平台并将车辆下降至地面。

规范拆卸动力电池

🌀 任务实施

任务名称	动力电池拆装	
姓名：	班级：	学号：
实训设备	纯电动汽车一辆、举升机一台、工具一套	
实训内容	动力电池下车检测，检测完安装上车	
小组分工计划		
工作步骤的记录		
检查	设备是否收好（ ）车辆是否正常（ ）	
特殊情况记录		

🌀 任务评价

班级		组号		日期	
评价指标	评价要求			分数	分数评定
职业素养	是否具备良好的职业道德和责任心			20	
	工位是否干净整洁				
	工具是否放回原位				

续表

评价指标	评价要求	分数	分数评定
思政素养	是否遵守工作纪律和规范操作流程	20	
	是否了解我国自主品牌动力电池的专利技术		
	能否与他人合作并保持良好的沟通和协调能力		
课堂参与	在课堂上是否积极参与讨论和提问	20	
	展示良好的学习态度和求知欲		
	能够积极贡献自己的观点和思考		
学习能力	在学习过程中是否具备较强的自学能力和学习方法	20	
	是否能够快速适应新知识和技能，并能够独立解决问题和思考		
技能操作	在实际操作中是否具备熟练的技能和操作方法	20	
	能够准确判断和分析问题，并合理运用所学知识解决实际问题		
综合评价			

子任务 11.2　动力电池电芯的拆装

1. 准备工作

拆卸动力电池需要进行一定的准备工作，以确保操作的安全性。首先，需要进行绝缘测试，确保电池包不带电。在电池包安全的前提下确保操作场所的通风良好，以防止电池释放出的有害气体积聚。其次，拆卸人员需要佩戴防护手套和安全眼镜，避免接触到电池液体或其他有害物质。最后，需要确保拆卸工具的质量和适用性，以便进行有效的拆卸工作。

2. 切断电池电源

在拆卸动力电池之前，必须先切断电池的电源，以避免电击和其他安全事故的发生。可以通过拔下电池连接器或者切断电池的正负极来实现电源的切断。在切断电源之后，需要等待一段时间，以确保电池内部的电压完全消耗。

3. 拆卸电池外壳

电池外壳是保护电池内部结构的重要组成部分，需要将其拆卸以方便后续的操作。先使用相应的工具，如螺丝刀或扳手，将电池外壳上的螺丝或固定件松开。然后，轻轻拆下电池外壳，暴露出电池内部的结构。

4. 拆卸电池模块

电池模块是动力电池的基本组成单元，需要逐个进行拆卸。先确定电池模块的连接方式，如螺栓连接或插头连接。然后，使用相应的工具和方法将电池模块逐个拆下，注意避免对电池模块造成损坏或短路。

5. 处理电池液体

电池液体是动力电池中的重要成分，具有一定的腐蚀性和有害性。在拆卸电池模块的过程中，可能会接触到电池液体，因此需要采取相应的安全措施。准备一些中性化学品，如碱性溶液或饮用水，用于中和电池液体的腐蚀性。在处理电池液体时，需要佩戴防护手套和安全眼镜，以避免直接接触到电池液体。

6. 分类处理电池包件

拆卸完成后，需要对拆下的电池包件进行分类处理。先将电池外壳和模块进行分类，以便后续的回收利用或安全处理。然后，对于电池液体和其他有害物质，需要按照相关法规和规定进行专业的处理和处置，以避免对环境和人体健康造成影响。

7. 清洁和整理工作场所

拆卸动力电池的过程中可能会产生一些污染物和杂物，因此在拆卸完成后，需要对工作场所进行清洁和整理。先使用清洁剂和清洁布对工作台面和工具进行清洁。然后，整理和储存拆下的电池包件和其他相关物品，以便后续的处理和使用。

8. 拆卸记录和评估

在完成拆卸动力电池的工作后，记录和评估整个拆卸过程。拆卸记录包括拆卸的日期、地点、所用工具和方法等信息，以备将来参考。评估拆卸过程中的安全性、效率和操作技巧并进行总结和反思，以提高工作的质量和效果。

通过以上的步骤，可以安全、高效地拆卸动力电池。拆卸动力电池需要注意安全和环保，遵守相关的法规和规定，以确保操作的可行性和合法性。拆卸后的电池包件可以进行回收利用，减少资源浪费和环境污染。同时，拆卸过程中需要注意个人的安全和健康，避免接触有害物质和产生安全事故。拆卸动力电池需要一定的专业知识和技能，建议在专业人士的指导下进行操作。

🌀 任务实施

请查阅资料填写下表。

任务名称		动力电池电芯的拆装	
姓名：	班级		学号

1. 动力电池电芯的拆装之前，首先需要进行_____测试，确保电池包不带电。其次，拆卸人员需要佩戴_____和_____，避免接触到电池液体或其他有害物质。最后，需要确保拆卸工具的_____和_____，以便进行有效的拆卸工作

2. 在拆动力电池之前，必须先切断电池的_____，以避免电击和其他安全事故的发生。可以通过拔下电池连接器或者切断电池的_____来实现电源的切断

3. 电池模块是动力电池的基本组成单元，需要逐个进行拆卸。先确定电池模块的_____，如螺栓连接或插头连接

4. 电池液体是动力电池中的重要成分，具有一定的_____和_____。在拆卸电池模块的过程中，可能会接触到电池液体，因此需要采取相应的安全措施

5. 拆卸动力电池的过程中可能会产生一些污染物和杂物，因此在拆卸完成后，需要对工作场所进行_____和_____

请同学口述动力电池电芯的拆装过程

🌀 任务评价

班级		组号		日期	
评价指标	评价要求			分数	分数评定
职业素养	是否具备良好的职业道德和责任心			25	
	是否遵守工作纪律和规范操作流程				
思政素养	能否与他人合作并保持良好的沟通和协调能力			20	
	是否"用心、耐心、细心、贴心"对待工作				
课堂参与	在课堂上是否积极参与讨论和提问			10	
	展示良好的学习态度和求知欲				
学习能力	在学习过程中是否具备较强的自学能力和学习方法			20	
	是否能够快速适应新知识和技能，并能够独立解决问题和思考				
技能操作	在实际操作中是否具备熟练的技能和操作方法			25	
	能够准确判断和分析问题，并合理运用所学知识解决实际问题				
综合评价					

任务 12

动力电池的电性能测评

任务导入

新能源汽车行业快速发展，产业链上下游日趋健全和完善。目前，行业内关注重点主要集中在动力电池生产制造，新能源汽车总成等前端环节。新能源汽车市场中的售后维护环节却未能及时配套完善，相应的维保检测技术存在一定的缺失，这些问题都将严重影响新能源汽车用户的消费信心。

2023年8月，我国自主品牌华为获得一项电动汽车电池专利技术，名为"电池与车身一体化结构以及电动汽车"，专利已经公布。这项专利为一种电池与车身一体化结构的技术，包括车身框架和电池包，车身框架包括具有平行设置的两个门槛梁，及门槛梁之间的容置空间；电池包包括外壳，以及设置于外壳内的电芯组件和横梁，横梁与外壳连接。在不改变整车尺寸的情况下，实际应用可提升电池包的容量，改善整车续航性能，提升电池与车身一体化结构的扭转刚度和可承受的纵向载荷，并提高电动汽车的安全性。

学习目标

知识目标：掌握动力电池容量的概念

知道电池包容量测试意义及必要性

掌握动力电池容量测试的原理

掌握动力电池一致性分析的意义及必要性

技能目标：会制定常用的动力电池容量的测试方案

会正确使用测试设备

素质目标：专业领域的文化自信

爱国情怀的培养

任务分析

动力电池系统作为新能源汽车核心环节之一，其维护和保养是整车维保的最大痛点。在使用一段时间后，动力电池内部各单体电芯出现不同程度的老化或受损，电池电量提前衰减，续航里程缩短。现有的维保技术往往无法一次性全面地对动力电池系统做出评价，导致用户维保频次提高，且测评结果对 BMS 数据的依赖程度大，可进行维护和解决的问题有限。

子任务 12.1　动力电池容量测试

动力电池在一定的放电条件下所能放出的电量称为电池容量，以符号 C 表示，单位常用 A·h 或 mA·h 表示。电池容量是最重要的指标之一，直接决定了车辆的续航里程。

1. 动力电池包容量检测

（1）静态容量检测。

静态容量检测的主要目的是确定车辆在实际使用时，动力电池包具有充足的电量和能量，满足各种预定放电倍率，并在一定温度下正常工作。

主要的检测方法为恒温条件下恒流放电测试，放电终止以动力电池包电压降低至设定值或动力电池包内的单体一致性（电压差）达到设定的数值为准。

（2）动态容量检测。

在电动汽车行驶过程中，动力电池的使用温度、放电倍率都是动态变化的。动态容量检测主要检测动力电池包在动态放电条件下的放电能力，主要表现为不同温度和不同放电倍率下的能量和容量。

主要检测方法为采用设定的变电流工况或实际采集的车辆应用电流变化曲线，进行动力电池包的放电性能测试，终止的条件根据工况以及动力电池的特性有所调整，基本遵循电压降低至一定的数值为标准，可以更加直接和准确地反应电动汽车的实际应用需求。

（3）动力电池的容量与充放电倍率测试。

动力电池在不同电流值下充放电能力是不同的。测试动力电池在不同电流值下的充电容量和放电容量，可以了解动力电池的倍率性能。

若纯电动车在使用过程中电池容量为 0.3 C，放电时可以循环 500 次，在 0.5 C 或更高倍率下放电可能直接影响电池的使用寿命。

2. 动力电池容量的检测方法

常用的动力电池容量的检测方法主要有充放电法、内阻法、电化学阶跃法。

（1）充放电法。

充放电法是一种常用的动力电池容量检测方法。本法通过对电池进行充电和放电操作，测量电池的电压和电流变化，从而计算出电池的容量。具体操作步骤为先将电池充满电，然后将电池放电至特定电压，记录下放电时间和电池电量，再根据电池的放电曲线计算出电池的容量。

（2）内阻法。

内阻法是另一种常用的动力电池容量检测方法。本法通过测量电池内部的电阻值来计算电池的容量。具体操作步骤为先将电池充满电，然后通过外部电路施加一定电流，测量电池的电压和电流变化，从而计算出电池的内阻值，再根据内阻值和电池的放电曲线计算出电池的容量。

（3）电化学阶跃法。

电化学阶跃法是一种比较新的动力电池容量检测方法。本法通过测量电池在不同电位下的电化学反应速率来计算电池的容量。具体操作步骤为先将电池充满电，然后通过外部电路施加一定电位，测量电池的电流变化，从而计算出电池的容量。

动力电池容量检测是电动汽车维护和使用的重要环节。不同的检测方法有各自的优缺点，需要根据实际情况选择合适的方法进行检测。同时，为了保证电动汽车的安全和性能，建议定期对动力电池进行容量检测和维护。

 任务实施

任务名称	动力电池容量测试	
姓名：	班级：	学号：

1. 动力电池在一定的放电条件下所能放出的电量称为_____，以符号_____表示，单位常用 A·h 或 mA·h 表示。电池容量是最重要的指标之一，直接决定了车辆的_____

2. 静态容量检测的主要目的是确定车辆在实际使用时，动力电池包具有充足的_____和_____，满足各种预定放电倍率和温度下正常工作

3. 在电动汽车行驶过程中，动力电池的_____、_____都是动态变化的。动态容量检测主要检测动力电池包在动态放电条件下的_____，主要表现为不同温度和不同放电倍率下的_____和_____

4. 充放电法是一种常用的动力电池容量检测方法。本法通过对电池进行_____和_____，测量电池的电压和电流变化，从而计算出电池的_____

5. 内阻法是另一种常用的动力电池容量检测方法。本法通过测量电池内部的_____来计算电池的容量

6. 电化学阶跃法是一种比较新的动力电池容量检测方法。本法通过测量电池在不同电位下的电化学_____来计算电池的容量

7. 为了保证电动汽车的安全和性能，建议定期对动力电池进行_____和维护

请同学说出 3 种电池容量的检测方法：_____、_____、_____

 任务评价

班级		组号		日期	
评价指标	评价要求			分数	分数评定
职业素养	是否具备良好的职业道德和责任心			25	
	是否遵守工作纪律和规范操作流程				
思政素养	能否与他人合作并保持良好的沟通和协调能力			20	
	是否了解我国自主品牌华为提升动力电池容量的新技术				

评价指标	评价要求	分数	分数评定
课堂参与	在课堂上是否积极参与讨论和提问	20	
	展示良好的学习态度和求知欲		
学习能力	在学习过程中是否具备较强的自学能力和学习方法	20	
	是否能够快速适应新知识和技能，并能够独立解决问题和思考		
专业拓展	是否了解提升续航里程的意义	15	
	是否了解为了提升动力电池容量，我们做了哪些尝试		
综合评价			

子任务 12.2 动力电池的一致性分析

动力电池的一致性是动力电池中的表现形式之一，一致性主要是指同一规格型号的单体电池组成动力电池后，其电压、荷电量、容量及衰退率、内阻及变化率、寿命、温度影响、自放电率等参数存在一定的差别。根据使用中动力电池包不一致性扩大的原因和对动力电池性能的影响方式，可以把动力电池的一致性分为容量一致性、内阻一致性和电压一致性。

国内率先具备国际竞争力的动力电池制造商——宁德时代，最新发布的磷酸铁锂电池是一种高安全性、高性能、高能量密度的电池，被称为"神行超充电池"。磷酸铁锂电池采用自主研发的工艺，严格的控制质量体系，确保产品的一致性。生产磷酸铁锂电池使用优质的原材料和零部件，生产过程中对每一道工序进行严格把关和控制，保证产品的质量稳定性。

1. 容量一致性

动力电池在出厂前的分选试验可以保证单体电池初始容量一致性较好。在使用过程中可以通过单体电池单独充放电来调整单体电池初始容量，使单体电池差异性较小，所以初始容量不一致不是动力电池应用的主要矛盾。在动力电池实际使用过程中，容量不一致主要是动力电池初始容量不一致和放电电流不一致综合影响的结果。

2. 内阻一致性

动力电池内阻不一致使每个单体电池在放电过程中热损失的能量各不相同，最终影响电池单体的能量状态。

3. 电压一致性

电压不一致的主要影响因素在于动力电池并联组中单体电池互充电。当并联组中一节单体电池电压低时，其他电池将给此电池充电。这种连接方式，会使低压电池容量小幅增加的同时高压电池容量急剧降低，能量将损耗在互充电过程中而达不到预期的对外输出。

动力电池的一致性是相对的，不一致性是绝对的。动力电池的不一致性在生产阶段就已经产生了，在应用过程中，需要采取一定的措施减缓电池不一致性扩大的趋势或速度。

4. 不一致性的影响

单体电池的不一致性对动力电池使用寿命的影响分为电压的不一致性、初始容量的不一致性以及内阻的不一致性。

电压的不一致性较大，会造成低压电池与正常电池一起使用时成为动力电池的负载。因为当并联的两节电池中存在低压电池时，会发生互充电现象。

初始容量不一致，在使用过程中尽管可以通过电池单体单独充电方式来平衡，但电动汽车的连续充放电循环过程会使这种不一致性在某种程度上放大。初始容量随循环的衰减速度不同，随着电池循环次数的增加，容量的差异就会越来越大。这样会使单体电池的容量加剧衰减带动电池的容量衰减。

内阻的不一致性使单体电池在动力电池内的电压电流分配不均，局部出现过压充电或欠压放电。内阻的不一致性还会使单体电池在放电过程中热量的损失不等，内阻越大则温度升高得越快，有可能最终造成热失控。

动力电池一致性测评修复设备介绍

🌀 任务实施

任务名称	动力电池一致性分析	
姓名：	班级：	学号：

1. 动力电池的一致性是动力电池中的表现形式之一，一致性主要是指同一规格型号的单体电池组成动力电池后，其_____、_____、容量及衰退率、内阻及变化率、寿命、温度影响、自放电率等参数存在一定的差别

2. 根据使用中动力电池包不一致性扩大的原因和对动力电池性能的影响方式，可以把动力电池的一致性分为_____一致性、_____一致性和_____一致性

3. 在动力电池包实际使用过程中，容量不一致主要是动力电池_____容量不一致和_____不一致综合影响的结果

4. 动力电池内阻不一致使每个单体电池在放电过程中热损失的能量各不相同，最终影响电池_____的能量状态

5. 动力电池的一致性是_____的，不一致性是_____的。动力电池的不一致性在生产阶段就已经产生了，在应用过程中，需要采取一定的措施减缓电池不一致性扩大的趋势或速度

6. 电压的不一致性较大，会造成低压电池与正常电池一起使用时成为动力电池的_____

7. 内阻的不一致性使单体电池在动力电池内的电压电流分配不均，局部出现_____充电或_____放电

请同学说一说动力电池的一致性有哪几种：_____、_____、_____

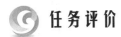 **任务评价**

班级		组号		日期	
评价指标	评价要求			分数	分数评定
职业素养	是否具备良好的职业道德和责任心			20	
	是否遵守工作纪律和规范操作流程				
思政素养	能否与他人合作并保持良好的沟通和协调能力			20	
	是否具有文化自信				
课堂参与	在课堂上是否积极参与讨论和提问			20	
	展示良好的学习态度和求知欲				
学习能力	在学习过程中是否具备较强的自学能力和学习方法			20	
	是否能够快速适应新知识和技能，并能够独立解决问题和思考				
专业拓展	是否能够按时完成任务			20	
	是否了解我国动力电池检测的先进企业				
综合评价					

子任务 12.3 动力电池均衡修复

为了平衡动力电池中单体电池的容量和能量差异，提高能量利用率。动力电池需要进行均衡处理，主要用于对单体电池电压的采集，并进行单体电池间的均衡充电使动力电池中各电池达到均衡一致的状态。通过定期对自放电过大的单体电池进行电量补充，使动力电池系统内所有单体电池的电压差均保持在规定的范围内，才能确保续驶里程不缩短。动力电池系统均衡的设备有多种，本任务介绍德普电气 BCT750 系列设备（见图 6-7），通过一致性测评和均衡修复为核心测评并解决动力电池系统方案。德普电气是国内首家研发、生产、制造高压大功率动力电池综合测试设备的高新技术企业，也是电动汽车行业测试细分领域的头部企业，拥有"专家工作站"和"德普电气-武汉理工大学新能源汽车动力系统联合创新中心"。作为湖北省内唯一、国内为数不多的"新能源汽车动力电池包综合测试整体解决方案"提供商，具备丰富的检测测试经验。

图 6-7　BCT750 系列设备外观

BCT750 系列测试系统是基于先进的电力电子软开关控制技术，采用统计学方法从单体电压、直流内阻等多维度对电芯进行一致性分析，快速定位受损或故障的电池，精准筛选不平衡度严重的电芯。本系列产品适用于动力电池包系统及模组的一致性分选，包含容量测评、DCR 测评、绝缘测评等，通过测评可全面了解每一个电芯及动力电池包状态，为电芯及动力电池包修复、重组利用提供科学依据，同时实时保存数据，便于管理和追溯。

BCT750 测试系统主要功能特点：

（1）采用先进的高频隔离双向变流技术，高效的电力电子控制技术。

（2）采用模块化架构，扩展方便，可灵活配置。

（3）多种充放电策略，满足不同的用户需求，且充放电模式间可切换。

（4）高速记录数据系统，实时精确记录测试数据。

（5）动力电池一致性多维度评测（电压、温度、直流内阻）。

（6）电池测试数据与电池条码绑定，实时存储，数据可追溯。

（7）高安全性、全方位、多层次的软硬件保护策略及措施。

（8）模块化的功能和结构设计有利于为客户提供定制化服务。

（9）内置国际先进的 DBC 配置工具。

（10）集成均衡修复仪有利于客户测试后对电芯进行修复。

任务实施

任务名称	动力电池均衡修复		
姓名：	班级：		学号：
实训设备	纯电动汽车一辆、BCT750 系列测试系统一套		
实训内容	动力电池一致性分析及均衡修复		
分工计划			
过程记录	1. 电池包参数 | 序号	项目	参数
---	---	---
1	电池包个数	
2	电芯总个数	
3	材料类型	
4	总体规格	
5	标称容量	| 2. 均衡修复和替换故障电池后 | 序号	项目	测评结果
---	---	---
1	DCR 测评输出结果	当前动力电池包剩余容量： 需替换电池： 需均衡修复电池：
2	均衡修复和替换效果	均衡修复后容量测评： 替换故障电池后容量测评：
3	绝缘测评	正对地绝缘阻值： 负对地绝缘阻值：
动力电池装车后，经过测试，实际对应到车上的续驶里程				
检查	设备是否收好（ ） 车辆是否正常（ ）		
特殊情况记录			

138

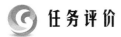 任 务 评 价

班级		组号		日期	
评价指标	评价要求			分数	分数评定
职业素养	是否具备良好的职业道德和责任心			20	
	是否遵守工作纪律和规范操作流程				
	能否与他人合作并保持良好的沟通和协调能力				
思政素养	是否具备正确的政治立场和思想意识			20	
	能够把握时代发展趋势，有较强的判断力和分析能力				
课堂参与	在课堂上是否积极参与讨论和提问			20	
	展示良好的学习态度和求知欲				
	能够积极贡献自己的观点和思考				
学习能力	在学习过程中是否具备较强的自学能力和学习方法			20	
	是否能够快速适应新知识和技能，并能够独立解决问题和思考				
技能操作	在实际操作中是否具备熟练的技能和操作方法			20	
	能够准确判断和分析问题，并合理运用所学知识解决实际问题				
综合评价					

 任务 13

动力电池的维保系统

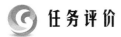 任 务 导 入

电池在工厂生产环节若存在一定缺陷，可能会威胁到驾乘人员的生命安全。检修人员应尽全力保障电池检测的全面性及准确性。

为解决新能源整车维保关键环节和动力电池系统维护保养，德普电气提出一套以一致性测评和均衡修复为核心的动力电池测评维保解决方案，确保动力电池安全投放市场，通过保养延缓容量衰减以及续航里程衰减，深度挖掘动力电池服役期内的使用价值。

学习目标

知识目标：了解动力电池的维保系统

能力目标：会使用动力电池一致性测评设备

会使用动力电池一致性测评设备上位机系统操作

思政目标：严谨的工作态度

科学的思维习惯

对待汽车测试故障，保持韧劲，善作善成

任务分析

动力电池维保系统能够多维度对电芯进行一致性分析，快速定位受损或故障电池，精准筛选不平衡度严重的电芯。通过高精度的均衡修复方法对电芯进行充放电调节，修复电芯不平衡度，延长电池服役期。本任务同时支持电池系统的安规测评、绝缘检测等功能扩展。

子任务 13.1　动力电池维保系统概述

1. 动力电池维保系统的组成

动力电池维保系统主要由上位机、一致性测评测试柜以及被测动力电池组成，其中上位机和测试柜通过以太网建立连接，测试柜和动力电池通过电气线路连接（见图 6 - 8）。

上位机作为系统控制中心，主要由电池测试软件组成，用户可通过测试软件编辑和下写工艺实现对设备的控制，从而实现对动力电池性能检测。上位机的主要功能是按照逐步执行用户下写工艺，实时快速检测动力电池状态并返回数据至上位机监控系统。

2. 适用领域

（1）电动汽车动力电池售后快速诊断修复，适用车型：物流车、乘用车、公交车和特种车等。

（2）电动汽车二手车动力电池评估。

（3）退役电池分级筛选，梯次电池测试评价。

（4）动力电池充放电测试。

3. 方案特点

（1）多维度一致性测评，保障电池检测全面性及准确性。

图 6 - 8　动力电池维保系统结构

（2）采用先进的高频隔离双向变流技术，高效的电力电子控制技术。

（3）模块化叠式柜体结构，灵活方便扩展、运输、维修等。

（4）电池测试数据与电池条码绑定，实时存储，数据可追溯。

（5）高速记录数据系统，实时精确记录测试数据。

（6）高安全性、全方位、多层次的软硬件保护策略及措施。

（7）多通道/多柜并联技术。

（8）高品质的电能并网回馈，节省测试成本。

任务实施

任务名称	动力电池维保系统概述		
姓名：	班级：		学号：

1. 网上查询了解德普电气

2. 简述动力电池维保系统的组成

3. 简述动力电池维保系统的适用领域
　　（1）＿＿＿＿＿＿＿＿＿＿＿＿＿＿＿＿＿＿＿＿＿
　　（2）＿＿＿＿＿＿＿＿＿＿＿＿＿＿＿＿＿＿＿＿＿
　　（3）＿＿＿＿＿＿＿＿＿＿＿＿＿＿＿＿＿＿＿＿＿
　　（4）＿＿＿＿＿＿＿＿＿＿＿＿＿＿＿＿＿＿＿＿＿

请同学说一说动力电池维保系统的特点
＿＿＿＿＿＿＿、＿＿＿＿＿＿＿、＿＿＿＿＿＿＿
＿＿＿＿＿＿＿、＿＿＿＿＿＿＿＿＿＿＿＿等

任务评价

班级		组号		日期	
评价指标	评价要求			分数	分数评定
职业素养	是否具备良好的职业道德和责任心			20	
	是否遵守工作纪律和规范操作流程				
思政素养	能否与他人合作并保持良好的沟通和协调能力			20	
	是否具有严谨的工作态度				
课堂参与	在课堂上是否积极参与讨论和提问			20	
	展示良好的学习态度和求知欲				

续表

评价指标	评价要求	分数	
学习能力	在学习过程中是否具备较强的自学能力和学习方法	20	
	是否能够快速适应新知识和技能，并能够独立解决问题和思考		
专业拓展	是否了解电动汽车电池的特点	20	
	是否了解我国动力电池高新技术企业——德普电气		
综合评价			

子任务 13.2　动力电池维保系统的功能及操作方法

在动力电池维修系统操作中，维修人员需要时刻保持超前谋划和未雨绸缪的科学思想态度，以攻坚克难、开拓创新、务实敬业的责任意识和发展意识，投入到系统操作中。

1. 动力电池维保系统功能

动力电池维保系统具有多项检测功能，见表 6-1。

表 6-1　动力电池维保系统功能

功能细分	功能点说明
测试监控	根据工步配置、电池保护阈值配置，运行充放电功能，实现开始、暂停、恢复、停止
登录	登录界面
绝缘测评	测评正对地、负对地绝缘值
一致性测评	根据工步配置、电池保护值配置，运行一致性测评流程，实现开始、暂停、恢复、停止
电池配置管理	电池保护阈值配置，新增、修改、删除、导入、导出
测评工艺管理	充放电及一致性测评工步编辑，新建、修改、删除、插入、保存、添加
数据管理	测评数据汇总查询、曲线生成、导出，操作日志查询
系统设置	用户管理、角色管理、权限管理、硬件配置

2. 维保系统使用方法

（1）启动上位机服务器。

在电脑桌面上找到软件（见图 6-9），双击打开软件，运行服务器。

图 6-9　上位机软件

（2）账号登录。

点击"登录用户"菜单，弹出"用户登录"弹框（见图6-10），输入正确账号和密码，点击"登录"按钮，则登录成功。初始用户名、密码为"admin"。

图6-10　登录界面

（3）主界面。

主界面显示功能测试选项，包括"测试监控""绝缘测评""一致性测评""电池配置管理""测评工艺管理""数据管理""系统设置"，如图6-11所示。

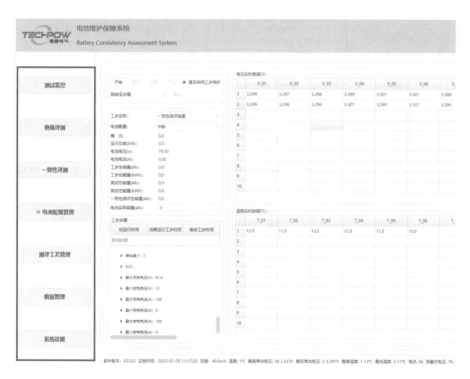

图6-11　主界面

（4）测试监控界面。

测试前先选择"测评工艺管理"中"电池配置"，功能键有"开始""暂停""继续""停止"，选择"是否启动工步保护"按保护条件测试，不选择"可盲充盲放"。"工步步骤"显示工步运行时，可跳转至当前步骤（见图6-12）。

测试控制界面显示实时数据，显示工步时间、工步步骤、最高最低单体电压及压差、最高最低单体温度及温差。

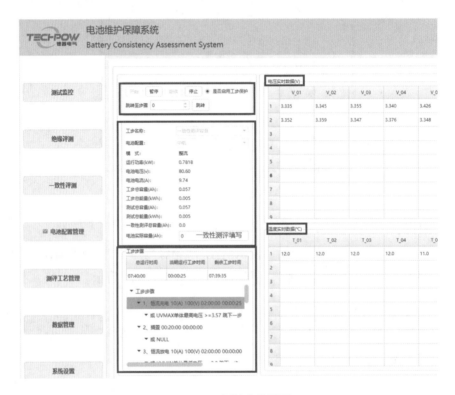

图6-12　测试监控界面

（5）系统设置－用户新增。

用户登录成功后在系统设置中可操作，如图6-13所示，双击用户可更改密码。

图6-13　新增用户界面

（6）绝缘测评。

绝缘测评显示正负绝缘测试结果（见图6-14），设备内部有接电池包壳体线束。

图6-14 绝缘测评界面

（7）故障电芯筛选电压曲线（见图6-15）。

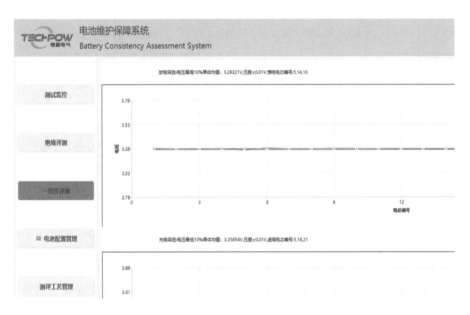

图6-15 故障电芯筛选电压曲线

（8）电池配置管理-功能键。

电池配置管理功能键主要有新增、编辑、保存、删除等，具体功能见表6-2。

表6-2 电池配置管理-功能键

操作名称	快捷操作	功　能
新增	➕ 新增	可增加新的电池配置
编辑	编辑	编辑或更改电池数据
保存	💾 保存	保存便于查找
删除	✖ 删除	删除错误或其他无用配置

（9）测评工艺 – 功能键。

测评工艺功能键包括新建、打开、保存、删除、插入、添加等，具体功能见表6 – 3。

表6 – 3　测评工艺 – 功能键

操作名称	快捷操作	功　　能
新建	新建	可增加新的测试工艺
打开	打开	编辑或更改电测试工艺
保存	保存	保存便于查找
删除	删除	删除错误或其他无用工步
插入	插入	可以插入行
添加	添加	添加工步步骤

1）测评工艺控制方式选择。

控制方式：设置为恒流、恒压限流、恒功率、一致性测评、循环、均衡修复。

在恒流模式下，指定电流恒定，电池包的电压不断上升或者降低（需要把电压栏电压标定值小于或高于电池包总电压上下限）。

在恒压限流模式下，需在参数中设置电压值、电流限制值，指定充电电压恒定，电流不断变小。

在循环模式下，需填写循环起始步骤，循环至第几工步，循环几次。

在一致性测评模式下，需要填写"一致性测评获取节点"，按实际容量百分比取值，电流控制为1 C或0.5 C，可在实际容量值中填写"容量值转变为电流输出值"。

在均衡修复模式下，电流只能去4个挡，电压分别为5 A、2.5 A、1 A、0.8 A，显示栏里填写截止电压。

2）条件参数 – 编辑本步骤的结束条件。

一个步骤的结束条件可以设置需求条件参数，只要满足需求条件就结束本步骤（见图6 – 16）。在条件参数窗口直接点击每个单元格的下拉列表，选择设置项即可。终止条件参数包含时间、总电池电压、电流、阶段安时、累计安时、阶段瓦时、累计瓦时、单体最高电压、单体最低电压、单体电压差、单体最高温度、单体最低温度、单体温度差；条件关系选择包含大于、大于等于、小于和小于等于；执行策略选择包括执行到步骤 N、跳下一步、结束和暂停。若选择"执行到步骤 N"，则需在"策略参数"列中设置步骤 N的值。

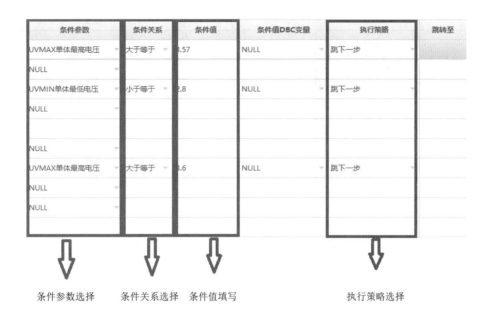

条件参数选择　　条件关系选择　条件值填写　　　　　　　执行策略选择

图 6 – 16　条件参数界面

（10）数据管理 – 功能键。

数据管理功能键包含查询、显示所有、删除、导出、测试曲线等，具体功能见表 6 – 3。

表 6 – 4　数据管理 – 功能键

操作名称	快捷操作	功　能
查询	查询	可按时间查询测试数据
显示所有	显示所有	显示所有已测数据
删除	删除	删除数据记录
导出	导出	导出测试数据形成 CVS 格式，进行保存
测试曲线	测试曲线	显示电压电流曲线

（11）单体电压、温度接线。

电压采集线从"总负"开始接入，第一支电芯负极接"B1 –"，正极接"B1 +"，第二支接"B2 +"，以此类推。温度采集线随意接入即可，见表 6 – 5。

应用案例 – 公交公司
518 路纯电动汽车
测评报告

表 6 – 5 单体电压、温度接线

单元一端子定义		电池电极定义	单元二端子定义		电池电极定义
PIN13	—	B12 +	PIN13		
PIN12	—	B11 +	PIN12		
PIN11	—	B10 +	PIN11		
PIN10	—	B9 +	PIN10		
PIN9	—	B8 +	PIN9		
PIN8	—	B7 +	PIN8		
PIN7	—	B6 +	PIN7	—	B18 +
PIN6	—	B5 +	PIN6	—	B17 +
PIN5	—	B4 +	PIN5	—	B16 +
PIN4	—	B3 +	PIN4	—	B15 +
PIN3	—	B2 +	PIN3	—	B14 +
PIN2	—	B1 +	PIN2	—	B13 +
PIN1	—	B1 –	PIN1	—	B12 +（从电池电极处分线）或 B13 –

任务实施

任务名称		动力电池维保系统的功能及操作方法	
姓名：	班级：		学号：
实训设备	纯电动汽车一辆、动力电池维保系统一套		
实训内容	对给定的电动汽车进行维保，并提出合理化建议		
小组分工计划			
动力电池维保前的状态记录			
动力电池维保后的状态			
建议			
检查	设备是否收好（　）车辆是否正常（　）		
特殊情况记录			

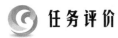 **任务评价**

班级		组号		日期	
评价指标	评价要求			分数	分数评定
职业素养	是否具备良好的职业道德和责任心			20	
	是否遵守工作纪律和规范操作流程				
	能否与他人合作并保持良好的沟通和协调能力				
思政素养	是否具备正确的政治立场和思想意识			20	
	能够把握时代发展趋势,有较强的判断力和分析能力				
课堂参与	在课堂上是否积极参与讨论和提问			20	
	展示良好的学习态度和求知欲				
	能够积极贡献自己的观点和思考				
学习能力	在学习过程中是否具备较强的自学能力和学习方法			20	
	是否能够快速适应新知识和技能,并能够独立解决问题和思考				
技能操作	在实际操作中是否具备熟练的技能和操作方法			20	
	能够准确判断和分析问题,并合理运用所学知识解决实际问题				
综合评价					

知识结构

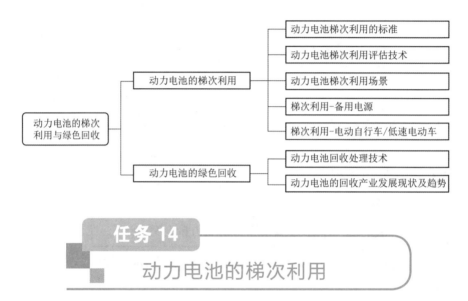

任务 14

动力电池的梯次利用

任务导入

新能源汽车的动力电池性能会随使用次数的增加而衰减。当性能下降至初始性能80%时，意味着动力电池在新能源汽车上的使用寿命终止。随着新能源汽车数量的增加，将会有大量动力电池从新能源汽车中淘汰下来。我国的矿产资源是十分有限的，如果不能有效地处理被淘汰的动力电池，必然会制约我国新能源汽车产业的发展，对环境和资源产生影响。如何处理淘汰的动力电池呢？带着问题我们一起进入本任务的学习。

当动力电池从新能源汽车上淘汰后，由于制造工艺先进，仍然具有很好的电性能，电池剩余容量仍可以满足储能设施及低功率用电器的要求。而且，动力电池由若干个模块或单体电池组成，即使电池包由于内部个别模块或单体电池损坏而不能继续使用，其他模块与电池单体仍具有很大的二次使用空间。我们一起来看看退役动力电池有哪些梯次利用方案？

学习目标

知识目标： 熟悉动力电池梯次利用相关标准

技能目标：了解废旧动力电池的梯次利用途径

了解动力电池梯次利用评估技术

了解电池储能技术的应用

素质目标：培养学生分析问题，解决问题的能力

培养学生的环保意识，传达可持续发展的循环经济理念

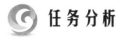任务分析

梯次利用，
让新能源退役
电池焕发新生命

新能源汽车的动力电池出现衰减无法继续使用时，是指当前的动力电池无法满足新能源汽车续航里程要求，并不意味着这些动力电池真的不能使用了。通过对动力电池进行检测及重新组合，可以让动力电池在一些其他领域继续发挥作用。

1. 动力电池梯次利用的标准

为了规范动力电池回收处理行业，从 2017 年起国家陆续制定并出台了动力电池回收处理相关标准。目前，动力电池梯次利用的标准主要以 GB/T 30415 标准体系和通用 GB/T 38698 管理规范标注体系为主（见图 7-1）。

注：GB/T 34015.5—××、GB/T 34015.6—××、GB/T 38698.2—××、GB/T 38698.3—××、GB/T 38698.4—××
规准条文正在制定中，以最终发布为准。

图 7-1　梯次利用主要标准体系

GB/T 34015—2017《车用动力电池回收利用　第 1 部分：余能检测》规定车用废旧动力电池余能检测的术语和定义、符号、检测要求、检测流程及检测方法，适用于车用废旧锂离子动力电池和金属氢化物镍动力电池单体、模块的余能检测。

GB/T 34015.2—2020《车用动力电池回收利用　梯次利用　第 2 部分：拆卸要求》规定电动汽车用动力电池拆卸的术语和定义、总体要求、作业要求、暂存和管理要求，适用于回收利用环节锂离子电池包和镍氢动力电池包的拆卸过程，其他类型动力电池包的拆卸过程可

参照执行，不适用于汽车售后维修环节动力电池的拆卸，也不适用于铅酸电池的拆卸。

GB/T 34015.3—2021《车用动力电池回收利用　梯次利用　第3部分：梯次利用要求》规定车用动力电池梯次利用的总体要求、性能要求和梯次利用产品的一般要求，适用于退役车用锂离子动力电池单体、模块和电池包或系统的梯次利用，退役车用镍氢动力电池单体、模块和电池包或系统的梯次利用参照执行。通过本文件指导梯次利用企业对退役电池开展可梯次利用性的判断，决定退役电池是否具有可梯次利用价值，是否作为材料进行再生利用。同时，简要提出梯次利用产品的一般要求，由于梯次利用产品的应用场景众多，要求不一，具体的技术要求由应用场景所处行业或客户提出。

GB/T 34015.4—2021《车用动力电池回收利用　梯次利用　第4部分：梯次利用产品标识》规定车用动力电池梯次利用产品标识的标识构成、标志要求、标示位置、标示方式以及标示要求，适用于对退役车用动力电池的梯次利用产品进行标识。规范明了的梯次利用产品标识，给使用者一个直观的认识。根据简单的标识，观察产品的基本信息及来源，辨别产品的质量，有利于帮助客户对产品进行自由选择。

GB/T 34015.5—××《车用动力电池回收利用　梯次利用　第5部分：可梯次利用设计指南》规准条文正在制定中，目的在于指导电池生产企业如何提升新品电池的可梯次利用性能，在满足电动车使用要求的情况下，降低未来梯次利用的成本，最终内容以发布为准。

GB/T 34015.6—××《车用动力电池回收利用　梯次利用　第6部分：剩余寿命评估规范》规准条文正在制定中，目的在于对退役电池的剩余循环寿命开展高效、无损、低成本的判定，以便保证梯次利用产品仍然具有较高的剩余循环寿命和安全性，最终内容以发布为准。

GB/T 38698.1—2020《车用动力电池回收利用　管理规范　第1部分：包装运输》规定车用退役动力电池回收利用包装运输的术语和定义、分类要求、一般要求、包装要求、运输要求以及标志要求，适用于电动汽车退役锂离子动力电池包、模组、单体的包装和道路运输，其他类型车用动力电池及其他运输方式（如铁路运输、水路运输等）可参照执行。本文件不适用于铅酸电池。

GB/T 38698.2 ~ GB/T 38698.4 主要是涉及回收服务网点建设、装卸搬运、存储等内容，具体规准条文正在制定中。

2. 动力电池梯次利用评估技术

（1）动力电池可用容量。

动力电池可用容量，即电池在实际运行时能够放出的电荷总量，是动力电池最为关键的一个内部状态参数，它与电池荷电状态的估计、健康状态的估计和剩余寿命的预测等密切相关。从电池的放电倍率的定义可知，电池容量是可以通过测量放电电流进行测算，这是获得或检测电池实际容量大小的一种方式。但是，动力电池可用容量受外界温度、电池老化、负载电流大小等因素的影响很大。实际上，放电电流（放电倍率）越大，电池可用容量越小，并且两者并不是简单的线性关系。通过市场上成熟的动力电池容量测试设备估算可用容量，一旦可用容量低于80%，意味着这个电池包将不再适合作为车用动力电池。

（2）单体电池可用容量检测。

对容量出现衰减的单体电池应先测定可用容量，通常是先对单体电池进行充电，然后放电测出容量，充电电流采用I5（A）（以首次充放电电流恒流放电测得电池容量在5 h内放电完的电流），恒流充电时间为5 h。在25 ℃（±2 ℃）条件下，单体电池放电测量容量，放电电流采用I5（A），此时测定的容量即为单体电池的可用容量。

（3）动力电池模组可用容量检测。

对容量出现衰减的动力电池模组应先测定可用容量，通常是先对整个电池模组进行充电，然后在不同温度条件下放电测出容量，充电电流均采用I5（A）（以首次充放电电流恒流放电测得电池容量在5 h内放电完的电流），恒流充电时间为5 h。在25 ℃（±2 ℃）条件下，电池模组放电测量容量，放电电流采用I5（A），测得的容量为室温放电容量；在−20 ℃（±2 ℃）条件下放电测量容量，放电电流采用I5（A），测得的容量为低温放电容量；在55 ℃（±2 ℃）条件下放电测量容量，放电电流采用I5（A），测得的容量为高温放电容量。动力电池模组的可用容量与温度关联密切，由三种不同温度条件下的可用容量组成。

（4）动力电池故障电芯数量。

目前，动力电池包最常见的故障现象是内部单体电池过放，电压远低于额定电压，BMS反映出来的故障通常是电压不平衡故障，此时需要找出故障电池的位置和数量，做好记录，然后进行更换或修复。拆下的电池若无法修复，则可进入梯次回收。做好单体电池更换数量及位置台账，方便后期追溯。

（5）动力电池故障频率。

车用动力电池的故障频率严重影响用户的用车体验，而整个电池包的故障频率与内部每个单体电池相关。由于车用动力电池的结构特点，只要有一节电池出现故障，整个动力电池包就无法使用，一旦故障频率过高，意味着该动力电池已经不适合电动汽车，此时可以考虑更换动力电池。

3. 动力电池梯次利用场景

（1）梯次利用的概念。

动力电池梯次利用即是对电动汽车退役动力电池进行必要的检验检测、分类、拆分、修复或重组，使动力电池可应用至其他领域的过程。

梯次利用场景介绍

梯次利用已经退役的动力电池，可延长电池使用寿命，充分发挥剩余价值，促进新能源消纳，缓解当前电池退役体量大而导致的回收压力，降低电动汽车的产业成本，带动新能源汽车行业的发展。

（2）梯次利用领域。

梯次利用主要在风光储能、备用电源、电动自行车、低速电动车等领域。

梯次电池是指已经使用过并且达到原生设计寿命，通过其他方法使其容量全部或部分恢复继续使用的动力电池。一般使用5年后的电池，它的有效容量在80%左右。电池自然衰减进入平稳期，完全可以按照小容量电池的使用方式，通过串并联继续使用。电池可利用容量获得数倍的提高，满足储能和动力需要，这一点与电动汽车为了增加续驶里程，采用大量并联电池增加电池容量的道理是相同的。

动力电池在使用 5 年后，可用容量和续驶时间明显缩短，用户和经销商通常会整体更换，但并不是一个电池包内的所有电池都需要更换，只是其中的一节或几节电池容量严重衰减影响了整个动力电池。如果有多节这样的单体电池，可以通过检测剔除严重衰减的单体电池，其他电池通过分容和内阻检测，完全可以重新梯次利用。动力电池的梯次利用明显延长了电池的使用效率和生命周期，减少电池所带来的环境污染，是目前和今后的重点发展对象。

（3）梯次利用 – 风光储能。

储能是指通过介质或设备把能量存储起来，在需要时再释放的过程。按照能量储存方式，储能可分为物理储能、化学储能、电磁储能三类，其中物理储能主要包括抽水蓄能、压缩空气储能、飞轮储能等；化学储能主要包括铅酸电池、锂离子电池、钠硫电池、液流电池等；电磁储能主要包括超级电容器储能、超导储能。

由于风电和太阳能光伏发电利用的是自然资源，发电情况受气候影响较大，适合与储能设备配套应用。储能系统的充放电性能相对平缓一些，为了响应新能源汽车工作过程中的加速要求，动力电池工作状态不平稳，放电波动大。从新能源汽车上退役下来的动力电池，经过检测分选组合后，可以作为储能的方案，继续发挥其价值（见图 7 – 2）。

图 7 – 2　风光储能综合应用场景

"风"指风力发电，把风的动能转变成机械能，再把机械能转化为电能，这就是风力发电（见图 7 – 3）。

图 7 – 3　风力发电系统

"光"指太阳能光发电，太阳能光发电是指无须通过热过程直接将光能转变为电能的发电方式。光伏发电是利用半导体电子器件有效地吸收太阳光辐射能，转变成电能的直接发电方式，是当今太阳光发电的主流（见图7–4）。

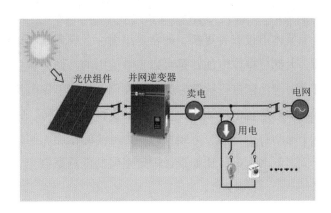

图 7 – 4　太阳能光伏发电系统

风、光两种发电方式受自然界变化影响较大，发电量不够稳定，随机性较大，这就限制了风电和光电的应用。此时如果能够将风、光发电与电池储能系统结合，当风、光发电过剩时，可能利用退役动力电池将电能储存起来，在风、光发电不足时，将电池中存储的电能释放出来，供给电网使用，保证风、光发电厂输出电能的稳定性，大大提高综合利用率。

4. 梯次利用 – 备用电源

备用电源指当正常供电出现故障的时候，能够提供电能的设备或装置，通常为小型发电机组合电池。对于重要负荷或特殊负荷，通常要求必须设置以电池电能为载体的不间断电源。当正常用电出现异常的时候，必须无缝切换到备用电源，比如银行、电信等数据中心。在这种情况下，可以利用新能源汽车退役的动力电池作为备用电源，保障重要设备的用电安全。

图7–5所示为数据中心2 N供配电架构，由两个独立的供配电单元加上备用电源组

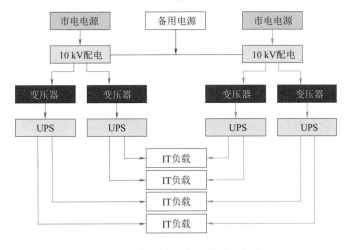

图 7 – 5　数据中心 2N 供配电架构

成。在正常供电情况下，每个市电电源均能满足全部负载的用电需要，两个电源同时工作，互为备用。当市电出现异常故障时，由备用电源向系统供电，保障服务器正常运行。备用电源可以由多种形式组合而成，其中动力电池包是重要组成部分。

5. 梯次利用－电动自行车/低速电动车

电动汽车动力电池整体退役或者更换，通常是里面一个或者几个单体电池出现故障导致整个电池无法使用，大部分单体电池还是可以正常使用的。如果直接淘汰整个电池，会造成较大的浪费，可以对电池包进行拆解分类，将性能一致的单体电池组合成容量较小的动力电池。电动自行车的电池包电压通常较低，续航里程相对较短，完全可以将重新组合的小容量动力电池用于电动自行车中，继续发挥动力电池的作用。同样，这些重新组合的小容量电池也可用于低速电动车中，比如景区固定路线的低速摆渡车、工厂/仓储 AGV 小车等。

 任务实施

任务名称	动力电池的梯次利用		
姓名：	班级：		学号：
根据任务学习，退役动力电池是否还有其他应用场景，请查找资料，设计一种退役动力电池梯次利用场景			

 任务评价

班级		组号		日期	
评价指标	评价要求			分数	分数评定
职业素养	能够具备一定的组织管理能力			20	
	能爱岗敬业、服从意识				
	有高度的安全意识、创新能力				
	具备团队合作、交流沟通、分享能力				

续表

评价指标	评价要求	分数	分数评定
思政素养	了解绿色发展的重要意义	20	
	有正确的环境保护意识		
	具备高度的社会责任感		
	具备可持续发展的理念		
课堂参与	能积极参与讨论和提问	10	
	具有良好的学习态度和求知欲		
	能积极分享自己的观点和思考		
学习能力	能采取多样化手段收集信息、筛选信息	20	
	解决问题具有一定的经济性与实用性		
	能主动保质保量完成任务实施相关内容		
专业拓展	能正确描述动力电池梯次利用典型场景	30	
	能正确分析动力电池梯次利用发展趋势		
综合评价			

任务 15

动力电池的绿色回收

🌀 任务导入

随着我国新能源汽车的大量普及，锂离子电池因具有能量密度高、自放电性能小、可循环使用等优点，被大量应用于新能源汽车中。由于锂离子电池的使用寿命有限，加上电动汽车技术不断更新换代，第一批新能源汽车动力电池逐渐进入规模化退役期，动力电池如何妥善回收再利用，成为社会关注的话题。动力电池包含多种重金属元素，处理不当不利于资源回收，还会造成安全隐患和环境污染。合理地处理动力电池包含的重金属，既是环境保护的需要，也是节约资源、可持续发展的需要。一起来看看废旧动力电池是如何进行回收处理的。

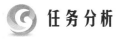 学 习 目 标

知识目标： 熟悉动力电池再生利用相关标准

技能目标： 了解动力电池回收处理工艺要点

了解废旧动力电池的处理流程

了解当前动力电池回收处理技术存在的问题

素质目标： 培养学生分析问题，解决问题的能力

培养学生具有环境保护与节约资源意识

可持续发展的
内涵是什么

 任 务 分 析

动力电池的绿色回收简单来说就是把电池拆解后，提取其中的钴、镍、锂等金属物质，将金属物质作为原材料重新应用到动力电池的生产过程之中。整个拆解、提取金属物质的过程是绿色环保的，应用的工艺对人、环境等不会产生二次伤害。如果处理不当，不仅浪费资源，还会对环境生态造成不可逆的损害。

什么是资源节约
型社会？

任 务 知 识

动力电池绿色回收标准相对较少，很多标准还在编制中，目前涉及的标准有国家标准、行业标准、地方标准（安徽省），如图 7－6 所示。

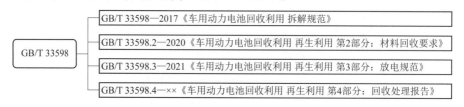

GB/T 33598

- GB/T 33598—2017《车用动力电池回收利用 拆解规范》
- GB/T 33598.2—2020《车用动力电池回收利用 再生利用 第2部分：材料回收要求》
- GB/T 33598.3—2021《车用动力电池回收利用 再生利用 第3部分：放电规范》
- GB/T 33598.4—××《车用动力电池回收利用 再生利用 第4部分：回收处理报告》

QC/T 1156—2021《车用动力电池回收利用 单体拆解技术规范》

DB 34/T 3077—2018《车用锂离子动力电池回收利用放电 技术规范》

注：GB/T 33598.4—××规准条文正在制定中，以最终发布为准。

图 7－6 绿色回收主要标准体系

GB/T 33598—2017《车用动力电池回收利用 拆解规范》规定车用废旧动力电池包（组）、模块拆解工作的术语和定义、总体要求、作业程序及存储和管理要求，适用于车用废旧锂离子动力电池、金属氢化物镍动力电池的电池包（组）、模块的拆解，不适用于车用废旧动力电池单体的拆解。

GB/T 33598.2—2020《车用动力电池回收利用 再生利用 第 2 部分：材料回收要求》规定车用动力电池材料回收的术语和定义、总体要求和污染控制及管理要求，适用于车用锂离子动力电池和镍氢动力电池单体的材料回收。

GB/T 33598.3—2021《车用动力电池回收利用　再生利用　第 3 部分：放电规范》规定车用动力电池回收利用放电过程的术语和定义、基本要求，放电工艺选择及放电方法、存储要求和环保措施，适用于退役车用动力锂离子电池再生利用的放电过程。

GB/T 33598.4—××《车用动力电池回收利用　再生利用　第 4 部分：回收处理报告》标准条文正在制定中，目的为废旧电池溯源管理提供的报告确立编制的框架和格式，规范必要的条款内容，最终以发布为准。

QC/T 1156—2021《车用动力电池回收利用单体拆解　技术规范》规定车用动力电池单体拆解的术语和定义、总体要求、作业要求、贮存和管理要求、安全环保要求，适用于退役车用动力锂离子单体电池的拆解。

DB 34/T 3077—2018《车用锂离子动力电池回收利用放电　技术规范》规定电动汽车用废旧锂离子动力电池拆解前放电的术语和定义、总体要求、设备环境要求及作业要求，适用于电动汽车用废旧锂离子动力电池（以下简称废旧动力电池）单体、电池模组和电池包的放电。本规范存在地方区域局限性，只在安徽省内执行，暂未推广到全国范围。

1. 动力电池回收处理技术

（1）废旧动力电池回收处理技术概述。

新能源汽车
电池回收率

废旧动力电池回收处理技术主要以带电干法回收新技术为基础，设计各种锂电池带电破碎分选回收生产工艺，本技术以带电破碎为主题思路，具有运行稳定、生产安全、美观大方、节能环保、产量大、省人工等优点。这些回收处理技术避免对环境产生严重的污染，而且可以高比例回收贵金属，将减轻对矿产资源的开采压力，有利于产业的可持续发展。发展废旧锂电池梯次使用储能功能，将传统能源汽车转换为清洁能源车。通过废旧电池的环保处理，打造全产业链的环保工业，有利于产业发展。

废旧磷酸铁锂电池含有多种金属资源，如图 7-7 所示，回收利用具备经济效益。从

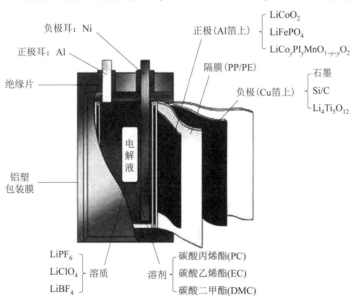

图 7-7　磷酸铁锂电池包含的贵金属

锂电池所含主要材料及化学物质可以看出,动力电池中含有大量可回收的贵金属,如锂、钴、镍等。在镍氢电池中,镍含量高达35%;在三元锂电池中,镍、钴、锰、锂的含量分别约为12%、5%、7%、1%。对于废旧动力电池的回收将实现对上述金属材料的再利用,创造较高的回收收益。

(2)废旧动力电池回收处理过程。

从处理方法上来看,针对电池各组成部分的成分不同,可以采用物理处理、化学、生物等方法来回收普通金属、贵金属及非金属材料等,各种具体处理工艺根据再利用方法来制定,如图7-8所示。

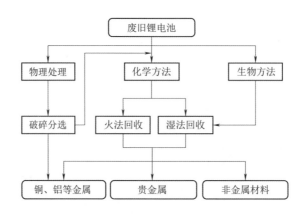

图7-8 典型废旧动力电池回收处理过程

从工艺流程的角度来分析,废旧动力电池回收处理工艺主要分为三个处理过程:预处理、二次处理与深度处理。废旧电池回收过程中仍有部分电量,所以要对其进行预处理,预处理主要进行深度放电、破碎、物理分选。二次处理是为了使正负极活性材料与基底发生分离,主要用热处理法、有机溶剂溶解法、碱液溶解法以及电解法等来实现。深度处理是处理过程的关键,主要包括浸出和分离提纯两个过程。如今在锂电池回收工艺中常用的技术有干法回收和湿法回收等。废旧动力电池湿法回收工艺包括检测放电、拆解、破碎、分选、湿法回收和材料再生等阶段。干法回收与湿法回收工艺不同,在贵金属回收阶段采用的方法不同。

(3)湿法回收工艺重要工序解析。

以湿法回收为例介绍废旧动力电池回收处理过程中的关键工艺,工艺流程如图7-9所示。

放电最普遍的有两种方法,一是在充放电仪中进行物理放电,二是化学方法。化学方法是将废旧动力电池浸泡于一定浓度的盐溶液中充分放电。工业上用得较多的是化学方法,将废旧电池放在 NaCl 溶液中放电,由于锂电池电解液中锂盐 $LiPF_6$ 与水反应生成 HF 对环境造成危害,因此放电后要立即进行碱浸。

破碎分选主要是在机械作用下通过多级破碎、筛分、磁选、精细粉碎等分离技术,将铝块、镍块、塑壳、钢壳、铁块等分出,实现电极材料的分离。机械分离是目前普遍采用

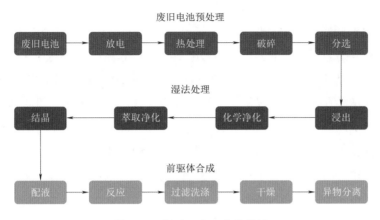

图 7-9　湿法回收工艺流程图

的处理方法，易于大规模工业化回收处理。由于锂电池结构复杂，对 Li 等拆分出的电极材料在 55 ℃水浴中使用超声波冲洗搅拌 10 min，能使 92% 的电极材料与集流体金属分离，集流体可以以金属的形式回收。

热处理用于除去电极材料中的难溶有机物、碳粉等，如 PVDF（一般为电极材料和集流体之间的黏结剂），随着有机物的挥发，电极材料和集流体同时分离。热处理通常采用高温常规热处理，但存在分离深度低、环境污染的问题，可采用高温真空热处理工艺（600 ℃恒温 30 min），使有机物以小分子液体或气体形式分解，方便单独收集。同时，电极层活性材料变得疏松易于分离，且集流体保持完好无氧化。本法对设备要求较高。除了热处理，也可以采用溶解法，使用 NMP 等强极性溶剂溶解电极材料里的 PVDF 等，但是 NMP 价格高、易挥发限制了推广应用。

浸出主要是以各种酸碱溶液作为转移媒介，将金属离子转移到浸出液中。通常采用 HCl、HNO_3、H_2SO_4 作为浸出剂直接溶解浸出，但是这种方法会产生氯气和 SO_2 等有害气体，因此一般在酸中加入双氧水和 $Na_2S_2O_2$ 等还原剂。

浸出液中金属离子的回收主要通过萃取的方法，由于浸出液中通常含有 Fe、Ca 等杂质，先用 P204 萃取除杂后获得钴锂混合液，然后用 P507 溶液萃取分离钴、锂，反萃取后获得硫酸钴，余液沉淀回收碳酸锂。回收还有沉淀法、电解法、盐析法，但提取纯度较低，离子交换法虽然纯度不低，但是成本较高，均没有萃取法应用广泛。

与湿法回收相对应的是干法回收，也是一种常见的回收方法，干法回收处理原料范围广、处理量大、流程简便、电池无须预处理。但是干法回收作为一种初级回收工艺，存在能耗高、金属回收率低、设备要求高、回收金属需进一步精炼、会产生有毒有害气体等问题。特别是由于干法回收过程中，锂与铝残留于冶炼渣中，进一步提取回收并不经济，因此干法路线往往不能回收锂，造成了资源浪费。在锂价格居高不下的当下，干法回收的经济性显得不是很突出。

2. 动力电池回收产业发展现状及趋势

（1）动力电池回收产业发展现状。

动力电池回收是非标准化的，因为动力电池本身是非标产品，型号众多，仅封装就有方形、圆形、软包以及近年流行的"刀片电池"与"CTP电池"等众多路线。不同封装路线的电池内部结构存在很大差异，对应的处理方式就会有所不同。即使同一封装路线的电池，不同企业生产的产品在用料与设计上也不一样，甚至同一企业的不同车型搭载的动力电池也有区别，需要根据实际情况制定有针对性的回收流程。

哪怕是同一型号的电池，由于车主使用习惯的不同，电池的残留性能也不一致，后续利用也还是需要进一步的检测与分类。

状况复杂的废旧电池导致非标准化的回收流程与多样化的技术需求，催生了电池回收复杂的工序，严重制约产业规模化。

产业利润非常低。当原材料价格逐渐回落时，电池回收行业本来就不多的利润空间必然会被进一步挤压。

建设资源节约型、
环境友好型社会

电池回收产业是一个受不正规、无资质"小作坊"影响颇深的行业。废旧电池越来越多，而回收处理合规企业准入门槛较高，面对回收市场需求，自然就形成了不合规企业滋生的情况。

小作坊回收过程对员工身体和周边环境都会造成损害，基本上无视环评与安评，这极大地降低了小作坊的作业成本，为小作坊在回收报价上带来了巨大优势。正规企业完全无法去匹配小作坊的报价。

在如此现状下，就出现了正规企业收不到电池难以为继，大多数废旧电池却去向不明的情况。据估计，约80%的动力电池直接流入了不合规企业的回收链条，消失在小作坊之中。货源的缺失甚至导致正规企业为了获得维持产线的运转和业务增长，被迫采购废旧动力电池。

（2）现状动力电池回收产业发展。

1）回收体系建设有待完善。目前，我国动力电池回收体系建设尚不完善，形成回收网络还需要各大企业共同努力，预计需要一段较长的时间。

2）新兴技术研发需要投入。动力电池回收成本高，建设难度较大，入局企业应该重点聚焦动力电池回收相关技术研发，以技术增强核心竞争力。

3）多方合作模式是未来趋势。随着动力电池回收市场的来临，多企业携手合作布局动力电池回收依然是趋势，需要多方市场主体参与并形成合力。

4）政策支撑。工信部制定动力电池回收企业白名单，建设正规回收网点，鼓励动力电池回收企业与车企、动力电池生产企业等产业链上游联动建设回收站，促使动力电池回收产业快速发展。

任务实施

任务名称	动力电池的绿色回收		
姓名：	班级：		学号：

　　根据任务学习，对动力电池绿色回收有了初步了解，请查找资料，说明动力电池绿色回收的必要性，以及准备怎么开展绿色回收工作

任务评价

班级		组号		日期	
评价指标	评价要求			分数	分数评定
职业素养	能够具备一定的组织管理能力			20	
	能爱岗敬业、服从意识				
	有高度的安全意识、创新能力				
	具备团队合作、交流沟通、分享能力				
思政素养	了解中国矿产资源匮乏的现实意义			20	
	有正确的生态保护意识				
	具备高度的社会责任感				
	具备节约资源的发展理念				

续表

评价指标	评价要求	分数	分数评定
课堂参与	能积极参与讨论和提问	10	
	具有良好的学习态度和求知欲		
	能积极分享自己的观点和思考		
学习能力	能采取多样化手段收集信息、过滤信息	20	
	解决问题具有一定的经济性与实用性		
	能主动保质保量完成任务实施相关内容		
专业拓展	能正确描述动力电池绿色回收关键工艺	30	
	能正确分析动力电池绿色回收对国家、生态、社会的意义		
综合评价			

参 考 文 献

[1] 徐晓明,胡东海.动力电池热管理技术[M].北京:机械工业出版社,2018.

[2] 王玉.新能源汽车动力电池系统与充电系统[M].北京:机械工业出版社,2021.

[3] 杜慧起,李晶华.新能源汽车动力电池技术[M].北京:机械工业出版社,2021.

[4] 亚历山大·泰勒,丹尼尔·瓦兹尼格.新能源汽车动力电池技术[M].北京:北京理工大学出版社,2017.

[5] 李亚莉.新能源汽车动力电池及管理系统检修[M].上海:复旦大学出版社,2021.

[6] 孔超.新能源汽车动力电池拆装与检测[M].北京:北京理工大学出版社,2020.

[7] 蒋鸣雷.新能源汽车动力电池结构与检修.北京:机械工业出版社,2020.

[8] 张凯.动力电池管理及维护技术[M].北京:清华大学出版社,2020.

[9] 陈静.新能源汽车动力电池及管理技术[M].北京:机械工业出版社,2023.

[10] 李建林,李雅欣.退役动力电池梯次利用关键技术及现状分析[J].电力系统自动化,2020,44(13):172-183.

[11] 吕承阳.梯次利用电池状态评估方法研究[D].徐州:中国矿业大学,2021:21-32.

[12] 来文青,王永红.锂离子动力电池梯次利用的研究与应用进展[J].2020,48(19):18-21.

[13] 郑旭,林知微.动力电池梯次利用研究[J].电源技术,2019,43(4):702-705.